Treino cognitivo com o uso do xadrez

EDITORES DA SÉRIE
Cristiana Castanho de Almeida Rocca
Telma Pantano
Antonio de Pádua Serafim

Treino cognitivo com o uso do xadrez

AUTORAS
Priscila Dib Gonçalves
Mariella Ometto Scarparo

A edição desta obra foi financiada com recursos da Editora Manole Ltda., um projeto de iniciativa da Fundação Faculdade de Medicina em conjunto e com a anuência da Faculdade de Medicina da Universidade de São Paulo – FMUSP.

Editora gestora: Sônia Midori Fujiyoshi
Editora: Juliana Waku
Projeto gráfico: Departamento Editorial da Editora Manole
Capa: Ricardo Yoshiaki Nitta Rodrigues
Editoração eletrônica: HiDesign
Imagens: Freepik

CIP-Brasil. Catalogação na publicação
Sindicato Nacional dos Editores de Livros, RJ

S31t

Gonçalves, Priscila Dib
Treino cognitivo com o uso do xadrez / Priscila Dib Gonçalves ; Mariella Ometto Scarparo ; editores da série Cristiana Castanho de Almeida Rocca, Telma Pantano, Antonio de Pádua Serafim. - 1. ed. - Barueri [SP] : Manole, 2020.
: il. ; 23 cm. (Psicologia e neurociências)

Inclui bibliografia e índice
ISBN 9788520461730

1. Xadrez - Aspectos psicológicos. 2. Psicologia cognitiva. 3. Aprendizagem cognitiva. 4. Neurociência cognitiva. I. Scarparo, Mariella Ometto. II. Rocca, Cristina Castanho de Almeida. III. Pantano, Telma. IV. Serafim, Antonio de Pádua. V. Título. VI. Série.

20-62858 CDD:612.8233
CDU: 612.821.3

Meri Gleice Rodrigues de Souza - Bibliotecária CRB-7/6439

1ª edição – 2020

Editora Manole Ltda.
Av. Ceci, 672 – Tamboré
06460-120 – Barueri – SP – Brasil
Fone: (11) 4196-6000
www.manole.com.br | https://atendimento.manole.com.br/

Impresso no Brasil
Printed in Brazil

EDITORES DA SÉRIE *PSICOLOGIA E NEUROCIÊNCIAS*

Cristiana Castanho de Almeida Rocca

Psicóloga Supervisora do Serviço de Psicologia e Neuropsicologia, e em atuação no Hospital Dia Infantil do Instituto de Psiquiatria do Hospital das Clínicas da Faculdade de Medicina da Universidade de São Paulo (IPq-HCFMUSP). Mestre e Doutora em Ciências pela FMUSP. Professora Colaboradora na FMUSP e Professora nos cursos de Neuropsicologia do IPq-HCFMUSP.

Telma Pantano

Fonoaudióloga e Psicopedagoga do Serviço de Psiquiatria Infantil do Hospital das Clínicas da Faculdade de Medicina da Universidade de São Paulo (HCFMUSP). Vice-coordenadora do Hospital Dia Infantil do Instituto de Psiquiatria do HCFMUSP e especialista em Linguagem. Mestre e Doutora em Ciências e Pós-doutora em Psiquiatria pela FMUSP. Master em Neurociências pela Universidade de Barcelona, Espanha. Professora e Coordenadora dos cursos de Neurociências e Neuroeducação pelo Centro de Estudos em Fonoaudiologia Clínica.

Antonio de Pádua Serafim

Diretor Técnico de Saúde do Serviço de Psicologia e Neuropsicologia e do Núcleo Forense do Instituto de Psiquiatria do Hospital das Clínicas da Faculdade de Medicina da Universidade de São Paulo (IPq-HCFMUSP). Professor Colaborador do Departamento de Psiquiatria da FMUSP. Professor do Programa de Neurociências e Comportamento do Instituto de Psicologia da Universidade de São Paulo (IPUSP).

AUTORAS

Priscila Dib Gonçalves
Psicóloga supervisora do Serviço de Psicologia e Neuropsicologia do Instituto de Psiquiatria do Hospital das Clínicas da Faculdade de Medicina da Universidade de São Paulo (IPq-HCFMUSP). Professora colaboradora do Departamento de Psiquiatria FMUSP. Pós-doutora como pesquisadora visitante da Universidade da Califórnia San Diego. Doutora pelo Departamento de Psiquiatria da FMUSP. Psicóloga pesquisadora no Programa Interdisciplinar de Estudos de Álcool e Drogas (GREA-IPq-HCFMUSP) e no Grupo de Neuroimagem dos Transtornos Neuropsiquiátricos (LIM-21-IPq-HCFMUSP).

Mariella Ometto Scarparo
Psicóloga pesquisadora no LIM-21 do Instituto de Psiquiatria do Hospital das Clínicas da Faculdade de Medicina da Universidade de São Paulo (IPq-HCFMUSP). Especialista em Neuropsicologia pelo Serviço de Psicologia e Neuropsicologia do IPq-HCFMUSP. Mestre em Ciências pela FMUSP.

SUMÁRIO

APRESENTAÇÃO DA SÉRIE

O processo do ciclo vital humano se caracteriza por um período significativo de aquisições e desenvolvimento de habilidades e competências, com maior destaque para a fase da infância e adolescência. Na fase adulta, a aquisição de habilidades continua, mas em menor intensidade, figurando mais a manutenção daquilo que foi aprendido. Em um terceiro estágio, vem o cenário do envelhecimento, que é marcado principalmente pelo declínio de várias habilidades. Este breve relato das etapas do ciclo vital, de maneira geral, contempla o que se define como um processo do desenvolvimento humano normal, ou seja, adquirimos capacidades, estas são mantidas por um tempo e declinam em outro.

No entanto, quando nos voltamos ao contexto dos transtornos mentais, é preciso considerar que tanto os sintomas como as dificuldades cognitivas configuram-se por impactos significativos na vida prática da pessoa portadora de um determinado quadro, bem como de sua família. Dados da Organização Mundial da Saúde (OMS) destacam que a maioria dos programas de desenvolvimento e da luta contra a pobreza não atinge as pessoas com transtornos mentais. Por exemplo, 75 a 85% dessa população não têm acesso a qualquer forma de tratamento da saúde mental. Deficiências mentais e psicológicas estão associadas a taxas de desemprego elevadas a patamares de 90%. Além disso, essas pessoas não têm acesso a oportunidades educacionais e profissionais para atender ao seu pleno potencial.

Os transtornos mentais representam uma das principais causas de incapacidade no mundo. Três das dez principais causas de incapacidade em pessoas entre as idades de 15 e 44 anos são decorrentes de transtornos mentais, e as outras causas são muitas vezes associadas com estes transtornos. Estudos tanto prospectivos quanto retrospectivos enfatizam que de maneira geral os transtornos mentais começam na infância e adolescência e se estendem à idade adulta.

Tem-se ainda que os problemas relativos à saúde mental são responsáveis por altas taxas de mortalidade e incapacidade, tendo participação em cerca de 8,8 a 16,6% do total da carga de doença em decorrência das condições de saúde em países de baixa e média renda, respectivamente. Podemos citar como exemplo a ocorrência da depressão, com projeções de ser a segunda maior causa de incidência de doenças em países de renda média e a terceira maior em países de baixa renda até 2030, segundo a OMS.

Entre os problemas prioritários de saúde mental, além da depressão estão a psicose, o suicídio, a epilepsia, a demência, os problemas decorrentes do uso de álcool e drogas e os transtornos mentais na infância e adolescência. Nos casos de crianças com quadros psiquiátricos, estas tendem a enfrentar dificuldades importantes no ambiente familiar e escolar, além de problemas psicossociais, o que por vezes se estende à vida adulta.

Considerando tanto os declínios próprios do desenvolvimento normal quanto os prejuízos decorrentes dos transtornos mentais, torna-se necessária a criação de programas de intervenções que possam minimizar o impacto dessas condições. No escopo das ações, estas devem contemplar programas voltados para os treinos cognitivos, habilidades socioemocionais e comportamentais.

Com base nesta argumentação, o Serviço de Psicologia e Neuropsicologia do Instituto de Psiquiatria do Hospital das Clínicas da Faculdade de Medicina da Universidade de São Paulo, em parceria com a Editora Manole, apresenta a série *Psicologia e Neurociências*, tendo como população-alvo crianças, adolescentes, adultos e idosos.

O objetivo desta série é apresentar um conjunto de ações interventivas voltadas para pessoas portadoras de quadros neuropsiquiátricos com ênfase nas áreas da cognição, socioemocional e comportamental, além de orientar pais e professores.

O desenvolvimento dos manuais da Série foi pautado na prática clínica em instituição de atenção a portadores de transtornos mentais por equipe multidisciplinar. O eixo temporal das sessões foi estruturado para 12 encontros, os quais poderão ser estendidos de acordo com a necessidade e a identificação do profissional que conduzirá o trabalho.

Destaca-se que a efetividade do trabalho de cada manual está diretamente associada à capacidade de manejo e conhecimento teórico do profissional em relação à temática a qual o manual se aplica. O objetivo não representa a ideia de remissão total das dificuldades, mas sim da possibilidade de que o paciente e seu familiar reconheçam as dificuldades peculiares de cada quadro e possam desenvolver estratégias para uma melhor adequação à sua realidade. Além disso, ressaltamos que os diferentes manuais podem ser utilizados em combinação.

CONTEÚDO COMPLEMENTAR

Os *slides* para uso nas sessões de atendimento estão disponíveis no *site:*
manoleeducacao.com.br/conteudo-complementar/saude

(*voucher*: MOTIVACIONAL)

INTRODUÇÃO

Funções executivas

As funções executivas (FE) referem-se às habilidades cognitivas superiores envolvendo volição, planejamento, ação intencional e desempenho efetivo, e estão relacionadas a áreas frontais do cérebro, especificamente o córtex pré-frontal[1,2]. As definições das FE são amplas e diversas de acordo com os autores, contudo há um consenso de que elas desempenham papel organizador fundamental das demais funções cognitivas e envolvem também memória de trabalho, controle inibitório, planejamento, capacidade de automonitoramento. As FE são essenciais na execução das atividades de vida diária considerando que elas estão presentes desde em tarefas mais simples do dia a dia (p. ex., tomar banho, realizar compras no supermercado, organizar rotina de estudos, cozinhar) até naquelas mais complexas envolvendo múltiplos elementos, como planejar uma viagem, organizar um curso, escrever um livro, entre outras.

Ainda, sobre as definições das FE, serão focadas as divisões estabelecidas por Lezak et al.[1] e os quatro elementos que as compõem. A volição é considerada o nível inicial para o estabelecimento de metas. A motivação, a capacidade de percepção de si próprio e do ambiente desempenham um papel importante na volição. O planejamento refere-se à capacidade de identificação e organização dos passos necessários para transformar a intenção em ação, e assim realizar determinada tarefa. Esse elemento necessita da capacidade de avalição de prós e contras e flexibilidade mental para passos alternativos para alcançar a meta. A ação intencional é quando se coloca o planejamento em prática, ou seja, o indivíduo precisa coordenar uma série de comportamentos de forma integrada, como iniciar uma ação, mantê-la, realizar mudanças e interromper. O desempenho efetivo refere-se à capacidade do indivíduo em monitorar seu próprio comportamento, avaliando seu rendimento, identificando e corrigindo eventuais falhas, e outros aspectos qualitativos da execução da tarefa proposta[1].

Também se faz necessária a definição de memória de trabalho ou memória operacional (em inglês, *working memory*), a qual, de acordo com Baddeley[3], é um sistema de integração de informações que promove o armazenamento temporário e a manipulação destas para execução de outras tarefas mais complexas, como anotar o número de um telefone e discar ou lembrar do número do *token* ou chave de segurança do banco.

Os prejuízos nas FE são observados em diversos quadros psiquiátricos como transtorno por déficit de atenção e hiperatividade (TDAH), transtornos por uso de substâncias, esquizofrenia, entre outros[4-8]. O rebaixamento do funcionamento executivo é uma das principais causas de incapacidade em indivíduos com transtornos psiquiátricos[9] e está associado a dificuldades na execução de atividades de vida diária[10].

Metas SMART

Para este programa de treino cognitivo, o objetivo inicial é a identificar metas para posteriormente transformá-las junto com o(s) participante(s) em metas que sejam classificadas como *SMART*. Primeiro é necessário compreender o que são tais metas. Meta pode ser definida como um estado futuro desejado ou esperado[11]. De acordo com Bovend'Eerdt et al.[12], o acrônimo *SMART* significa: S – específico (*specific*), M – mensurável (*measurable*), A – alcançável (*achievable*), R – relevante (*realistic/relevant*) e T – tempo (*timed*).

Assim, a meta precisa ser relevante para o indivíduo apresentar motivação suficiente para realizá-la, passível de mensuração, ser possível de ser atingida dentro dos limites da realidade e capaz de ser mensurada (em quanto tempo será atingida). As populares "promessas de ano novo", por exemplo, realizadas em 31 de dezembro a cada ano, são o oposto de metas consideradas *SMART*, por apresentarem características inespecíficas e por vezes fantasiosas. Mas como transformar tais metas em *SMART*?

Exemplo 1. Transformando promessa de ano novo em meta *SMART*. Desejo: guardar dinheiro. Primeiro passo, realizar o orçamento para determinar porcentagem. Segundo passo, pesquisar quais tipos de investimento e determinar a quantia mensal que será separada. Definir em qual momento do mês esse valor será separado. Meta *SMART*: guardar 10% do meu salário na poupança no dia de pagamento por 12 meses. Por que essa meta é *SMART*? Por ser específica (valor: 10% do salário), viável dentro do orçamento, relevante (o valor total será usado para reforma na casa) e ter um tempo de duração (12 meses).

Exemplo 2. Transformando promessa de ano novo em meta *SMART*. Pessoa saudável expressa o desejo de emagrecer. Questões que podem ajudar na transformação em meta *SMART*: a) quantos quilos deseja emagrecer?; b) essa quantidade de quilos é realista? (considerar peso atual e altura atual); c) quão importante é perder peso para você?; d) em quanto tempo deseja perder peso?; e) avaliar o número de tentativas anteriores e presença ou não de condição que necessite de acompanhamento médico. Meta *SMART*: reduzir 10% do peso em 6 meses. Por que é *SMART*? É específica: valor = 10% do peso (p.ex., pessoa com 1,60 m e 60 kg, 10% = 6 kg = ~1,0 kg/mês), número de quilos estimados é possível de medir.

Exemplo 3. Metas *SMART* em programa de reabilitação neuropsicológica[13]. Caso de uma paciente com lesão cerebral e transtorno de estresse pós-traumático (TEPT). A paciente era uma jovem artista de 24 anos que trabalhava na área da educação. Ela sofreu lesões cerebrais ao viajar de trem: uma faca entrou em seu crânio desde a região parietal direita até a frontal. Antes do acidente a paciente não tinha nenhuma história de problemas psiquiátricos e psicológicos. A avaliação neuropsicológica exibiu capacidade intelectual geral preservada, porém com redução de velocidade de processamento, dificuldades de atenção e concentração, principalmente em lidar com distrações e mudanças de tarefas e leves déficits de memória. A paciente também relatou sintomas de TEPT: evitava situações que a lembrasse da situação traumática, não viajava mais de trem desde o acidente, andou de ônibus, mas sentiu estresse significativo, evitava lugares cheios e não ia a restaurantes e cinemas. Metas *SMART* da reabilitação: 1) promover o entendimento de consequências de lesões cerebrais; 2) pontuar a si mesma como confortável em mais de 70% das interações sociais; 3) usar sistemas de memória e planejamento durante atividades de vida independente; 4) usar estratégias de atenção sustentada em atividades diárias; 5) fazer atividade física como lazer semanalmente; 6) realizar um curso profissionalizante; 7) ter um plano documentado de retorno para o emprego remunerado[13].

Um treinamento que vem sendo usado amplamente com pacientes neurológicos e psiquiátricos é o gerenciamento de metas (*goal management training*, GMT)[14]. Esse treinamento é composto por cinco fases: 1) orientação (pare e pense no que está fazendo); 2) seleção de metas (defina a meta); 3) definição de submetas para alcançar a meta principal (enumere os passos necessários); 4) memorização das submetas (aprenda e memorize os passos); e 5) verificação, durante a execução dos passos verifique se está de acordo com o que foi planejado. Essa estruturação promove a monitoração e a avalição do próprio comportamento e do desempenho em situações do dia a dia. A possibilidade de parar e pensar antes de executar uma dada tarefa traz a possibilidade de divisão das metas em submetas (passos), auxiliando no seu gerenciamento e na sua organização. O intuito é auxiliar os indivíduos a identificarem o que funciona melhor para si, de modo a promover a implementação dessas estratégias em situações cotidianas.

Jogo de xadrez

O jogo propicia ao indivíduo arquitetar estratégias que focam na solução de problemas, estimulando a autorregulação cognitiva e afetiva, de forma capaz de promover um contexto facilitador, no qual o indivíduo encontra espaço para reorganizar padrões comportamentais[15]. Assim, a interação com o outro jogador promove a estimulação da memória de trabalho, planejamento e automonitoramento, uma vez que as estratégias e as jogadas sofrem influência dos estímulos externos.

Especialmente sobre o jogo de xadrez, estudos observaram: 1) a ativação de regiões cerebrais frontais durante o jogo[16,17]; 2) melhores habilidades de planejamento em jogadores mensuradas por meio de testes cognitivos[18]; e 3) em crianças a prática de xadrez já foi relacionada a melhor capacidade de enfrentamento em escalas pontuadas pelos professores. Alunos que praticaram xadrez também exibiam melhores resultados em tarefas relacionadas a matemática[19-21].

Os estudos com pacientes com diagnóstico de transtornos psiquiátricos exibiram melhor rendimento das FE em pacientes portadores de esquizofrenia, após 10 horas de prática de jogo de xadrez[22]. Um estudo realizado no Instituto de Psiquiatria do Hospital das Clínicas de São Paulo combinou a prática do jogo de xadrez com técnicas de entrevista motivacional, nomeado Xadrez Motivacional, e investigou o impacto dessa intervenção em pacientes com transtorno por uso de cocaína/*crack*. Os resultados revelaram melhor desempenho em memória de trabalho no grupo que realizou Xadrez Motivacional comparado ao grupo controle. A abordagem de Xadrez Motivacional foi constituída de 10 sessões de 90 minutos, com 60 minutos de prática de jogo de xadrez e 30 minutos de entrevista motivacional (psicoeducação, desenvolver discrepância, apoiar a autoeficácia)[23,24].

Entrevista motivacional

A definição mais recente de entrevista motivacional descreve-a como "estilo de conversa colaborativo para fortalecer a motivação do próprio indivíduo e compromisso com a mudança" (tradução livre)[25]. A entrevista motivacional vem sendo amplamente usada em diversos contextos de cuidado a saúde, especialmente com pacientes com doenças crônicas, como diabete, pressão alta, obesidade, transtornos psiquiátricos, uso de álcool e outras substâncias ilícitas. Essa abordagem terapêutica surgiu para o tratamento de indivíduos com problemas relacionados ao uso de álcool e outras drogas e tem exibido resultados eficazes[26,27].

A entrevista motivacional visa a guiar os indivíduos no processo da mudança, sem confronto direto, identificando elementos presentes para a mudança no próprio indivíduo[25,26]. Alguns dos princípios da Entrevista Motivacional são: expressar empatia, desenvolver discrepância e apoiar a autoeficácia. Na empatia inclui-se a escuta reflexiva e a possibilidade de aceitar a ambivalência em relação à mudança. O desenvolvimento da discrepância refere-se à percepção da discrepância entre o comportamento atual e o desejado. A autoeficácia são os valores e crenças do indivíduo na possibilidade de mudar[26]. Ainda, o processo de mudança está relacionado a quatro elementos – engajar, focar, evocar e planejar[25] –, os quais são relacionados aos componentes das FE (volição, planejamento, ação intencional e desempenho efetivo) propostos por Lezak et al.[1].

Treino proposto

O treino das FE descrito a seguir neste manual buscou combinar o jogo de xadrez, entrevista motivacional e o estabelecimento de metas *SMART*: o jogo de xadrez como ferramenta para estimular as FE, a entrevista motivacional para auxiliar na mudança de comportamento e o estabelecimento das metas *SMART* para a generalização das habilidades aprendidas e treinadas no jogo em atividades de vida diária.

A entrevista motivacional nas 12 sessões do treino proposto é presente para facilitar essa generalização, especialmente na etapa da psicoeducação para informar aos participantes sobre as funções cognitivas estimuladas com atividade (por meio das apresentações em *slides*), desenvolvimento da discrepância e apoio da autoeficácia por meio do estabelecimento de paralelos entre situações de jogo e situações de vida diária. Por exemplo: antes de realizar um movimento, parar e pensar. Qual(is) o(s) objetivo(s) desta jogada? Tem alguma peça minha em risco? Vou colocar a minha peça em risco? Como é possível transpor essa reflexão na execução de atividades de vida diária.

TREINAMENTOS

Ficha do participante

Nome:				Data de nascimento: __/__/____
Endereço:				Idade:
Escolaridade:				Profissão:
Queixa principal:				
Uso de medicação:				
Resumo dos treinos cognitivos				
	Data	Participante motivado?	Capaz de desempenhar a atividade proposta?	Outros comentários
Treino 1				
Treino 2				
Treino 3				
Treino 4				
Treino 5				
Treino 6				
Treino 7				
Treino 8				
Treino 9				
Treino 10				
Treino 11				
Treino 12				

Orientações gerais

Número de participantes: 1, 2 ou 4 participantes.

Idade: a partir de 16 anos.

Antes de dar início ao treino em funções executivas, leia as instruções abaixo descritas e procure segui-las em todos os treinos:

- Minimizar distrações e interrupções. Um treino bem-sucedido necessita de ambiente tranquilo, de preferência sem interferências externas como celulares, fones de ouvido ou outros aparelhos alheios ao treino. Solicitar que os desligue durante o treino.
- A motivação e a conscientização sobre a necessidade de realizar o treinamento são ferramentas fundamentais antes e durante os treinos. A seguir, são sugeridas algumas estratégias para trabalhar aspectos motivacionais:
  - Falar sobre o objetivo do treino: estimular as FE e não se tornar um campeão de xadrez. Apenas o fato de estar prestando atenção no jogo e pensando sobre ele já cumpre o objetivo do treino. Ganhar ou perder no jogo não é o mais importante.
  - Enaltecer os recursos do participante.
  - Destacar (a partir do segundo treino) a evolução do participante até o momento.
- Orientar de forma clara e objetiva sobre a estrutura e duração do treino:
  - Tempo total: 60 minutos.
  - Primeiros 10 minutos: psicoeducação sobre objetivos do treino, FE e explicações sobre regras e jogadas do xadrez.
  - 40 minutos de jogo de xadrez: os participantes podem jogar uma ou mais partidas durante o tempo estipulado. Se, ao final do período de jogo, a partida não estiver concluída, os participantes poderão anotar a posição das peças (ou tirar uma foto do tabuleiro), caso queiram continuá-la na próxima sessão.
  - Últimos 10 minutos: atividades práticas de gerenciamento de metas;
  - Encerramento.
- Definição das duplas de jogo:
  - 1 participante: jogará com o mediador.
  - 2 participantes: um jogará com o outro, observados pelo mediador.

- 4 participantes: 2 duplas de participantes, sendo observadas pelo mediador.

- O processo de mediação durante o jogo deve ter como objetivo:
  - Esclarecimento de dúvidas com relação às regras.
  - Estimulação de tomadas de decisões saudáveis, com foco no futuro e nos comportamentos vantajosos de longo prazo em contraposição aos comportamentos imediatistas e de alto risco.
  - Ampliação do repertório de comportamentos vantajosos.
  - Identificação de situações de risco e protetoras.
  - Treino e planejamento para conseguir controlar os impulsos.

Descrição das sessões, funções cognitivas trabalhadas, temas abordados e atividade prática			
Sessão	Funções cognitivas estimuladas pelo xadrez	Temas abordados sobre o jogo de xadrez	Atividade prática
1	Neuropsicologia, ativação cerebral e o jogo de xadrez	Explicação das regras Jogadas especiais: "promoção do peão"	Formulação de três metas relevantes para os próximos meses
2	Atenção	Jogadas especiais: "tomada *en passant*"	Definição de meta *SMART*
3	Funções executivas	Jogadas especiais: "roque"	Escolha de uma meta
4	Memória operacional	Desenvolvimento das peças	Transformar a meta selecionada em *SMART*
5	Controle inibitório	Análise da última jogada do adversário (peças em risco)	Identificação dos passos necessários para alcançar a meta *SMART*
6	Planejamento	Antecipação de jogadas	Planejamento dos passos necessários para alcançar a meta
7	Tomada de decisão	Jogadas vantajosas e desvantajosas	Avaliação das possíveis consequências
8	Flexibilidade cognitiva	Xeque-mate Situações de empate	Antecipar dificuldades (e se...)
9	Ação intencional	Exercício xeque-mate em 1 lance	Testar os passos

(*continua*)

Descrição das sessões, funções cognitivas trabalhadas, temas abordados e atividade prática (*continuação*)			
Sessão	Funções cognitivas estimuladas pelo xadrez	Temas abordados sobre o jogo de xadrez	Atividade prática
10	Desempenho efetivo	Exercício xeque-mate em 2 lances	Análise do teste
11	Metacognição	Exercício xeque-mate em 2 lances	Ajustes no planejamento
12	Resumo	Encerramento	Como usar as metas *SMART* em outros contextos

Treino 1 – Neuropsicologia e estimulação cerebral

Objetivos:

- Motivação dos pacientes por meio da psicoeducação sobre a ativação cerebral proporcionada pelo jogo de xadrez.
- Explicar as regras básicas do jogo para os principiantes ou relembrá-las para os que já possuírem conhecimento prévio. Iniciar a prática do jogo.
- Identificação de interesses e necessidades para elaboração de metas (sondagem).

Procedimentos:

1. Apresentação inicial dos participantes e do mediador. Estimular os participantes a relatarem seus objetivos e dúvidas com relação ao treino cognitivo de FE.
2. O mediador inicia a apresentação de *slides* do Treino 1.
3. Entregar uma folha com as regras do jogo para cada participante. Essa folha poderá ser usada em todas as sessões do treino para consulta em caso de dúvidas.
4. Explicar as regras básicas do jogo de xadrez na seguinte ordem: identificação das peças (rei, dama, bispo, cavalo, torre e peão); colocação inicial das peças no tabuleiro; a movimentação de cada peça; objetivo do jogo. Os participantes que já possuem conhecimento prévio do jogo devem ser encorajados a participar dessa explicação. Por fim, exibir o *slide* 8 e explicar a jogada especial "promoção do peão" para os participantes.
5. Definir as duplas de jogo (caso necessário).
6. Início do jogo. Durante a realização do jogo, o mediador deve ficar disponível e implementar os objetivos explicitados do item 4 das orientações gerais.
7. Avisar os participantes quando faltar 5 minutos para o final do tempo de jogo.
8. Encerramento do jogo, guardar peças e tabuleiros.
9. Atividade prática: pedir para que cada participante escreva em uma folha de papel três metas: "Pensem em três objetivos que vocês gostariam de atingir nos próximos 3 meses. Por exemplo: finalizar o Ensino Médio ou

Superior, iniciar um curso de capacitação, arrumar um emprego, parar de fumar, emagrecer. Agora, escrevam nesta folha de papel". (Os exemplos de objetivos podem variar conforme o perfil clínico dos participantes.)

10. Recolher as folhas de atividades e guardá-las para a próxima sessão.

Ver *slides* 1.1 a 1.8.

Treino 2 – Atenção

Objetivos:

- Motivação dos pacientes por meio da psicoeducação sobre a estimulação da atenção durante o jogo de xadrez.
- Aperfeiçoamento da prática do jogo e introdução de nova jogada especial (tomada *en passant*).
- Reflexão sobre a necessidade de escolha de metas de vida realistas e quais os critérios para isso.

Procedimentos:

1. O mediador inicia a apresentação de *slides* do Treino 2.
2. Relembrar as regras do jogo e as jogadas especiais já explicadas. Estimular os participantes a utilizar a folha de instruções em caso de dúvidas. Exibir a apresentação de *slides* sobre jogada especial "tomada *en passant*".
3. Definir as duplas de jogo (caso necessário).
4. Início do jogo. Durante a realização do jogo, o mediador deve ficar disponível e implementar os objetivos explicitados do item 4 das orientações gerais.
5. Avisar os participantes quando faltar 5 minutos para o final do tempo de jogo.
6. Encerramento do jogo, guardar peças e tabuleiros.
7. Atividade prática: "Na sessão anterior vocês escreveram três objetivos que vocês gostariam de atingir nos próximos 3 meses. Hoje eu irei mostrar para vocês alguns critérios importantes que os nossos objetivos e metas precisam ter".

Ver *slides* 2.1 a 2.9.

Treino 3 – Funções executivas

Objetivos:

- Conscientizar os participantes sobre a importância e o impacto das funções executivas (FE) na vida diária.
- Aperfeiçoamento da prática do jogo e introdução de nova jogada especial (roque).
- Escolher uma meta relevante para ser utilizada como foco do treino.

Procedimentos:

1. O mediador inicia a apresentação de *slides* do Treino 3.
2. Relembrar as regras do jogo e as jogadas especiais já explicadas. Estimular os participantes a utilizar a folha de instruções em caso de dúvidas.
3. Definir as duplas de jogo (caso necessário).
4. Início do jogo. Durante a realização do jogo, o mediador deve ficar disponível e implementar os objetivos explicitados do item 4 das orientações gerais.
5. Avisar os participantes quando faltar 5 minutos para o final do tempo de jogo.
6. Encerramento do jogo, guardar peças e tabuleiros.
7. Atividade prática: "Na sessão passada, conversamos sobre a importância de uma meta ser *SMART* (estimular os participantes a falarem o que entenderam sobre isso). Agora, você deve escolher, dentre as três metas que você formulou na sessão inicial, qual a mais apropriada para ser o foco do nosso trabalho aqui". Entregar as folhas com as metas escritas na semana anterior e pedir para os participantes grifarem ou circularem a meta escolhida.
8. Recolher as folhas de atividades e guardá-las para a próxima sessão.

Ver *slides* 3.1 a 3.10.

Treino 4 – Memória operacional

Objetivos:

- Conscientizar e motivar os participantes por meio de psicoeducação sobre a estimulação da memória operacional durante o jogo de xadrez.
- Aperfeiçoamento da prática do jogo: desenvolvimento das peças.

- Analisar se a meta escolhida pode ser considerada *SMART*. Se necessário, aperfeiçoá-la de acordo com a proposta apresentada.

Procedimentos:

1. O mediador inicia a apresentação de *slides* do Treino 4.
2. Relembrar as regras do jogo e as jogadas especiais já explicadas. Estimular os participantes a utilizar a folha de instruções em caso de dúvidas.
3. Definir as duplas de jogo (caso necessário).
4. Início do jogo. Durante a realização do jogo, o mediador deve ficar disponível e implementar os objetivos explicitados do item 4 das orientações gerais.
5. Avisar os participantes quando faltar 5 minutos para o final do tempo de jogo.
6. Encerramento do jogo, guardar peças e tabuleiros.
7. Atividade prática: colocar o *slide* ilustrativo dos critérios *SMART* e dizer: "Pensando no que conversamos sobre uma meta ser *SMART*, observe se a meta que você escolheu se encaixa nesses critérios. Você acha que precisa fazer alguma modificação na sua meta?" O mediador pode auxiliar os participantes, caso eles demonstrem dificuldades em perceber falhas na elaboração da meta. Entregar uma folha de papel em branco e pedir para os participantes escreverem a meta definitiva.
8. Recolher as folhas de atividades e guardá-las para a próxima sessão.

Ver *slides* 4.1 a 4.6.

Treino 5 – Controle inibitório

Objetivos:

- Conscientizar os pacientes sobre a importância do controle inibitório na vida e a oportunidade de praticar essa capacidade durante o jogo de xadrez.
- Aperfeiçoamento da prática do jogo e estimulação da análise da última jogada do adversário e das peças em risco.
- Identificar passos necessários para se atingir a meta escolhida.

Procedimentos:

1. O mediador inicia a apresentação de *slides* do Treino 5.
2. Relembrar as regras do jogo e as jogadas especiais já explicadas. Estimular os participantes a utilizar a folha de instruções em caso de dúvidas.
3. Definir as duplas de jogo (caso necessário).
4. Início do jogo. Durante a realização do jogo, o mediador deve ficar disponível e implementar os objetivos explicitados do item 4 das orientações gerais.
5. Avisar os participantes quando faltar 5 minutos para o final do tempo de jogo.
6. Encerramento do jogo, guardar peças e tabuleiros.
7. Atividade prática: "Agora que sua meta está definida e de acordo com os critérios *SMART*, tente pensar nos passos necessários para conseguir alcançá-la, ou seja, o que você deve fazer para realizar a sua meta". Entregar a folha de papel com a meta escrita na sessão anterior e pedir que os participantes anotem suas ideias.
8. Recolher as folhas de atividades e guardá-las para a próxima sessão.

Ver *slides* 5.1 a 5.6.

Treino 6 – Planejamento

Objetivos:

- Conscientizar os pacientes sobre a importância do planejamento na vida e a oportunidade de praticar essa capacidade durante o jogo de xadrez.
- Aperfeiçoamento da prática do jogo e estimulação da antecipação de jogadas.
- Estimular os participantes a colocarem em prática a capacidade de planejamento, utilizando-o na prática dos passos necessários para atingir sua meta.

Procedimentos:

1. O mediador inicia a apresentação de *slides* do Treino 6.
2. Relembrar as regras do jogo e as jogadas especiais já explicadas. Estimular os participantes a utilizar a folha de instruções em caso de dúvidas.

3. Definir as duplas de jogo (caso necessário).
4. Início do jogo. Durante a realização do jogo, o mediador deve ficar disponível e implementar os objetivos explicitados do item 4 das orientações gerais.
5. Avisar os participantes quando faltar 5 minutos para o final do tempo de jogo.
6. Encerramento do jogo, guardar peças e tabuleiros.
7. Atividade prática: Entregar a folha da última atividade, na qual os participantes escreveram os passos necessários para a meta. Dizer: "Na sessão passada, vocês escreveram alguns passos necessários para atingirem sua meta. Agora vocês devem numerar os passos na ordem na qual eles serão executados e pensar em como irão colocá-los em prática. Por exemplo: aonde você precisará ir? Você precisará da ajuda de alguém? Você tem tempo ou dinheiro para fazer isso?" Estimular os participantes a analisar como irão executar cada um dos passos e, se necessário, dar alguns modelos.
8. Recolher as folhas de atividades e guardá-las para a próxima sessão.

Ver *slides* 6.1 a 6.7.

Treino 7 – Tomada de decisão

Objetivos:

- Conscientizar os pacientes sobre a importância das tomadas de decisões na vida e a oportunidade de praticar essa capacidade durante o jogo de xadrez.
- Aperfeiçoamento da prática do jogo e aumento da percepção de jogadas vantajosas e desvantajosas.
- Estimular os pacientes a identificar possíveis consequências, problemas ou dificuldades no processo de execução da meta escolhida.

Procedimentos:

1. O mediador inicia a apresentação de *slides* do Treino 7.
2. Relembrar as regras do jogo e as jogadas especiais já explicadas. Estimular os participantes a utilizar a folha de instruções em caso de dúvidas.
3. Definir as duplas de jogo (caso necessário).
4. Início do jogo. Durante a realização do jogo, o mediador deve ficar disponível e implementar os objetivos explicitados do item 4 das orientações gerais.

5. Avisar os participantes quando faltar 5 minutos para o final do tempo de jogo.
6. Encerramento do jogo, guardar peças e tabuleiros.
7. Atividade prática: entregar a folha da atividade anterior com os passos escritos e ordenados e dizer: "Vocês já definiram e organizaram os passos necessários para alcançar sua meta. Hoje iremos fazer um exercício muito importante! Vamos tentar prever o futuro! Imagine quais as possíveis consequências para cada um dos passos que vocês colocarão em prática. O que poderá acontecer? Pode dar certo? Pode dar errado? Por quê? Vamos tentar prever o máximo de possibilidades!" Estimular os participantes a escreverem suas ideias em uma nova folha de papel.
8. Recolher as folhas de atividades e guardá-las para a próxima sessão.

Ver *slides* 7.1 a 7.7.

Treino 8 – Flexibilidade cognitiva

Objetivos:

- Conscientizar os pacientes sobre a flexibilidade cognitiva e a prática dessa capacidade no jogo e em suas vidas.
- Aperfeiçoamento da prática do jogo, explicação sobre o xeque-mate.
- Estimular os participantes a anteciparem possíveis dificuldades na execução de sua meta.

Procedimentos:

1. O mediador inicia a apresentação de *slides* do Treino 8.
2. Relembrar as regras do jogo e as jogadas especiais já explicadas. Estimular os participantes a utilizar a folha de instruções em caso de dúvidas.
3. Definir as duplas de jogo (caso necessário).
4. Início do jogo. Durante a realização do jogo, o mediador deve ficar disponível e implementar os objetivos explicitados do item 4 das orientações gerais.
5. Avisar os participantes quando faltar 5 minutos para o final do tempo de jogo.
6. Encerramento do jogo, guardar peças e tabuleiros.

7. Atividade prática: entregar as folhas da atividade anterior (com os passos escritos, ordenados e suas possíveis consequências). Dizer: "Na sessão passada, tentamos prever as possíveis consequências de cada um dos passos planejados. Pensando nelas, tentem identificar quais serão suas maiores dificuldades na execução dos passos. E se elas ocorrerem, o que você poderá fazer?" Pedir para os participantes escreverem as maiores dificuldades ao lado de cada passo.
8. Recolher as folhas de atividades e guardá-las para a próxima sessão.

Ver *slides* 8.1 a 8.5.

Treino 9 – Ação intencional

Objetivos:

- Conscientizar os pacientes sobre a importância da ação intencional e a oportunidade de praticar essa capacidade durante o jogo de xadrez.
- Aperfeiçoamento da prática do jogo, explicação sobre as regras de empate.
- Orientar os participantes a colocar em prática os passos planejados para atingir sua meta.

Procedimentos:

1. O mediador inicia a apresentação de *slides* do Treino 9.
2. Relembrar as regras do jogo e as jogadas especiais já explicadas. Estimular os participantes a utilizar a folha de instruções em caso de dúvidas.
3. Definir as duplas de jogo (caso necessário).
4. Início do jogo. Durante a realização do jogo, o mediador deve ficar disponível e implementar os objetivos explicitados do item 4 das orientações gerais.
5. Avisar os participantes quando faltar 5 minutos para o final do tempo de jogo.
6. Encerramento do jogo, guardar peças e tabuleiros.
7. Atividade prática: entregar as folhas das atividades anteriores pedir para os participantes preencherem o formulário de metas. Depois que preencherem, dizer: "Vocês fizeram um enorme exercício mental sobre a realização de suas metas! Além de definir e planejar os passos, vocês também tentaram prever o que poderia dar certo, dar errado, as dificuldades principais e como lidar

com elas. Agora, somente colocando em prática para sabermos se vai dar certo! Nos próximos dias, comecem a executar os passos planejados. Se possível, façam uma espécie de diário, relatando como foram suas experiências".

8. Deixar que os participantes levem o formulário preenchido para casa, como auxílio na execução dos passos planejados. Pedir que eles o tragam na próxima sessão.

Ver *slides* 9.1 a 9.10.

Treino 10 – Desempenho efetivo

Objetivos:

- Conscientizar os pacientes sobre o que é desempenho efetivo e a sua prática na vida.
- Aperfeiçoamento da prática do jogo e prática do exercício de xeque-mate em uma jogada.
- Os participantes deverão relatar a experiência de teste proposta na sessão anterior.

Procedimentos:

1. O mediador inicia a apresentação de *slides* do Treino 10.
2. Relembrar as regras do jogo e as jogadas especiais já explicadas. Estimular os participantes a utilizar a folha de instruções em caso de dúvidas.
3. Definir as duplas de jogo (caso necessário).
4. Início do jogo. Durante a realização do jogo, o mediador deve ficar disponível e implementar os objetivos explicitados do item 4 das orientações gerais.
5. Avisar os participantes quando faltar 5 minutos para o final do tempo de jogo.
6. Encerramento do jogo, guardar peças e tabuleiros.
7. Atividade prática: os participantes deverão relatar a prática dos passos planejados nas sessões anteriores. Procurar reforçar os pontos positivos e estimular a reflexão sobre as possíveis falhas. Orientar os participantes a continuarem a execução da tarefa.

Ver *slides* 10.1 a 10.15.

Treino 11 – Metacognição

Objetivos:

- Conscientizar os pacientes sobre o que é metacognição e a prática dessa habilidade em sua vida.
- Aperfeiçoamento da prática do jogo e prática do exercício de xeque-mate em dois lances.
- Os participantes deverão fazer ajustes no planejamento e na execução dos passos, caso seja necessário.

Procedimentos:

1. O mediador inicia a apresentação de *slides* do Treino 11.
2. Relembrar as regras do jogo e as jogadas especiais já explicadas. Estimular os participantes a utilizar a folha de instruções em caso de dúvidas.
3. Definir as duplas de jogo (caso necessário).
4. Início do jogo. Durante a realização do jogo, o mediador deve ficar disponível e implementar os objetivos explicitados do item 4 das orientações gerais.
5. Avisar os participantes quando faltar 5 minutos para o final do tempo de jogo.
6. Encerramento do jogo, guardar peças e tabuleiros.
7. Atividade prática: os participantes deverão relatar como continuaram a prática dos passos planejados. Procurar reforçar os pontos positivos, estimular a reflexão sobre as possíveis falhas e sobre as possíveis mudanças a serem realizadas na execução da meta. Pedir para que anotem no formulário de metas as mudanças feitas.

Ver *slides* 11.1 a 11.24.

Treino 12 – Resumo

Objetivos:

- Fazer um resumo de todo o processo de estimulação das FE.
- Aperfeiçoamento da prática do jogo.

- Abordar a utilização das metas *SMART* em outros contextos. Estimular os participantes a fazerem uma breve retrospectiva de sua experiência no treino e os progressos percebidos no jogo de xadrez e em suas vidas. O mediador deve enfatizar a evolução de cada participante e fazer um encerramento que estimule a continuidade da prática das habilidades aprendidas.

Procedimentos:

1. O mediador inicia a apresentação de *slides* do Treino 12.
2. Relembrar as regras do jogo e as jogadas especiais já explicadas. Estimular os participantes a utilizar a folha de instruções em caso de dúvidas.
3. Definir as duplas de jogo (caso necessário).
4. Início do jogo. Durante a realização do jogo, o mediador deve ficar disponível e implementar os objetivos explicitados do item 4 das orientações gerais.
5. Avisar os participantes quando faltar 5 minutos para o final do tempo de jogo.
6. Encerramento do jogo, guardar peças e tabuleiros.
7. Atividade prática: "Em quais outras situações de suas vidas vocês poderão utilizar essa proposta das metas *SMART*?" Estimular os participantes a relatarem suas próprias ideias e, caso seja necessário, dar modelos.
8. Atividade prática: pedir que cada participante faça uma breve retrospectiva de sua participação no treino, com ênfase nas habilidades aprendidas (*slide* 5).
9. Sugestão de encerramento: "Parabéns pelo grande trabalho que fizeram até agora! Independentemente de terem atingido ou não suas metas, o mais importante é aprender a melhor maneira de atingir um objetivo. Essas maneiras novas de pensar e agir, que vocês praticaram durante essas 12 sessões, devem ser incorporadas em suas rotinas. Assim como o jogo de xadrez, quanto mais vocês as praticarem, melhor será o desempenho."

Ver *slides* 12.1 a 12.5.

ANEXOS

Regras

Torre

Movimenta-se nas linhas (horizontais) e colunas (verticais); não pode se mover pelas diagonais. Ela pode ser movimentada por quantas casas o jogador desejar, porém em apenas um sentido a cada jogada.

Bispo

Movimenta-se nas direções diagonais, ou seja, na direção das casas da mesma cor. Esta peça pode ser movimentada por quantas casas o jogador desejar, porém em apenas um sentido a cada jogada.

Dama

Pode movimentar-se quantas casas quiser ou puder, na diagonal, vertical ou horizontal, porém, apenas em um sentido em cada jogada.

Rei

Pode se mover em todas as direções somente uma casa de cada vez. O rei também pode capturar qualquer peça adversária. Um rei nunca pode dar xeque a outro rei.

Peão

Move-se em coluna (vertical) somente para frente, nunca para trás (uma casa de cada vez). Entretanto, em seu primeiro movimento, pode ser movimentado por uma ou duas casas, desde que exista esta opção (casas livres à sua frente). O movimento de captura do peão é diferente da forma com que ele se movimenta, ou seja, a captura é feita em diagonal. Se um peão encontrar uma peça adversária à sua frente, ele ficará impedido de se mover, até que apareça uma peça adversária em sua diagonal para ser capturada. Quando um peão alcança a última fileira do tabuleiro, ele é promovido: torna-se uma torre, um bispo, um cavalo ou uma dama, conforme o desejo do jogador.

Cavalo

O movimento do cavalo é em "forma de L", ou seja, anda duas casas na horizontal ou vertical e depois uma casa na vertical ou horizontal, respectivamente. O cavalo pode saltar sobre qualquer peça sua ou do adversário. A captura ocorre quando uma peça adversária se encontra na casa final do movimento realizado pelo cavalo.

Formulário – Meta SMART (preencher a lápis)

Nome do participante:
Data:

1. Definição da meta *SMART*

Meta:

2. Passos para a meta:

1º passo:____________________________________

Consequência 1

Consequência 2

Consequência 3

Maior dificuldade: ____________________________

E se....____________________________________

2º passo:______________________________________

Consequência 1

Consequência 2

Consequência 3

Maior dificuldade:________________________________

E se....____

3º passo:______________________________________

Consequência 1

Consequência 2

Consequência 3

Maior dificuldade:________________________________

E se....____

Vinheta clínica

O cliente B., sexo masculino, casado, 30 anos, advogado, foi encaminhado ao consultório pelo médico psiquiatra com sintomas ansiosos e queixas em atenção e organização. Sobre dados da história anterior, possui uma irmã mais velha (35 anos), os pais são vivos e casados. A gestação, o desenvolvimento neuropsicomotor e a primeira infância transcorreram sem intercorrências. Iniciou a vida escolar aos 3 anos, sem dificuldades para o aprendizado, e na infância era muito popular. Foram negadas reprovações e recuperações, apenas uma advertência por comportamento. Iniciou a faculdade de Direito e demorou 6 anos para se formar em decorrência de disciplinas que cursou duas vezes. Iniciou o relacionamento com a esposa há 5 anos, namoraram por 4 anos e depois decidiram se casar.

No que tange ao uso de tabaco, álcool e outras substâncias ilícitas, afirmou uso de álcool dos 18 aos 23 anos todos os finais de semana e uso de maconha cinco vezes na vida. Nos últimos 12 meses negou consumo excessivo de álcool. Foram negados episódios de quedas e acidentes com perda de consciência, bem como outras condições clínicas que pudessem afetar o sistema nervoso central.

Em avaliação neuropsicológica, o cliente apresentou eficiência intelectual dentro do esperado, sem discrepância significativa entre as esferas verbal e de execução. Exibiu bom rendimento em amplitude de atenção, capacidade de abstração verbal e visual, velocidade no processamento, funções visuais, linguagem, praxia construtiva, memória verbal e visual e aprendizagem. Entretanto, foram observados prejuízos em atenção alternada e FE.

Procurou atendimento psiquiátrico em decorrência de estresse nas atividades laborais. Trabalhava em uma empresa no ramo alimentício há 2 anos. No primeiro atendimento, o cliente B. apresentava queixas na organização de tarefas tanto em casa quanto no escritório. Afirmou não se lembrar de compromissos, marcar duas reuniões no mesmo dia, esquecer compromissos com a esposa e ter dificuldades em finalizar relatórios. Destacou também os desentendimentos com seu chefe, que se queixa de que ele deveria ser mais proativo e organizado.

<table>
<tr><td colspan="2">Nome: Cliente B.</td><td colspan="2">Data de nascimento: 16/06/1988</td></tr>
<tr><td colspan="2">Endereço: X.</td><td colspan="2">Idade: 30 anos</td></tr>
<tr><td colspan="2">Escolaridade: Ensino Superior</td><td colspan="2">Profissão: Advogado</td></tr>
<tr><td colspan="4">Queixa principal: Dificuldade em organizar as tarefas do dia a dia e se lembrar de compromissos</td></tr>
<tr><td colspan="4">Uso medicação psiquiátrica: Escitalopram 10 mg</td></tr>
<tr><th colspan="4">Resumo dos treinos cognitivos</th></tr>
<tr><td></td><td>Participante motivado?</td><td>Observações sobre as atividades sobre funções cognitivas e prática do jogo de xadrez.</td><td>Observações sobre a atividade prática (gerenciamento de metas).</td></tr>
<tr><td>Treino 1</td><td>Sim</td><td>Cliente com dificuldade em focar no tabuleiro por mais de 30 minutos.</td><td>Ao ser solicitado a formular 3 metas: ser mais produtivo no trabalho e ser organizado no trabalho e em casa.</td></tr>
<tr><td>Treino 2</td><td>Sim</td><td>Cliente capaz de movimentar todas as peças corretamente.</td><td>Ser produtivo e organizado são metas SMART?</td></tr>
<tr><td>Treino 3</td><td>Sim</td><td>Planejamento e organização foram levantados como questões centrais.</td><td>Meta escolhida: "ser organizado".</td></tr>
<tr><td>Treino 4</td><td>Sim</td><td>Capaz de relacionar os benefícios, de planejar jogadas de xadrez com os potenciais benefícios no trabalho.</td><td>(1) Ser capaz de finalizar um relatório por semana.
(2) Não marcar dois compromissos no mesmo dia.</td></tr>
<tr><td>Treino 5</td><td>Sim</td><td>Conversa sobre Controle Inibitório:
▪ Qual o melhor horário para trabalhar em relatórios?
▪ Em que momento o escritório está mais tranquilo?
▪ Quando ele é menos solicitado pela chefia e demais colegas?
▪ Como lidar com distrações?
Durante a atividade, foi capaz de realizar jogadas vantajosas, com planejamento e antecipar até 3 jogadas.</td><td>Identificação dos passos necessários para alcançar a meta SMART:
▪ verificar agenda virtual ao chegar ao trabalho;
▪ anotar os compromissos na agenda virtual no final do expediente;
▪ ser capaz de trabalhar em um único projeto por 60 minutos.</td></tr>
</table>

(*continua*)

Resumo dos treinos cognitivos (*continuação*)			
	Participante motivado?	Observações sobre as atividades sobre funções cognitivas e prática do jogo de xadrez	Observações sobre a atividade prática (gerenciamento de metas)
Treino 6	Sim	No xadrez é importante analisar os movimentos das próprias peças e as do adversário. Da mesma forma, na vida, é necessário perceber comportamentos e emoções próprios e dos outros.	Planejamento dos passos necessários para alcançar a meta: ▪ reservar um horário para trabalhar no relatório (qual o melhor horário?); ▪ sincronizar a agenda; o computador e o celular; ▪ separar a agenda por períodos, p. ex., de manhã, trabalhar no relatório; à tarde responder e-mails. Organizamos a agenda virtual e o cliente sincronizou as agendas do celular e do computador pessoal para ter acessos aos seus compromissos em ambos os eletrônicos.
Treino 7	Sim	Terapeuta aponta para jogadas vantajosas e desvantajosas durante o jogo. Participante consegue planejar e executar jogadas vantajosas com maior frequência.	Avaliação das possíveis consequências: ▪ reservar um horário para trabalhar no relatório: aumenta a chance de finalizar no prazo; ▪ sincronizar agenda; computador e celular: diminui a possibilidade de esquecer algum compromisso; ▪ separar a agenda por períodos: aumenta a chance de cumprir os objetivos.
Treino 8	Sim	Conversa sobre Flexibilidade Cognitiva: como faria em caso de receber um e-mail importante durante o horário de fazer relatório? Mudar o planejamento às vezes é necessário no jogo e na vida cotidiana.	Antecipar dificuldades (e se...): ▪ E se receber um e-mail importante durante o horário de fazer o relatório? ▪ É possível permanecer 1 hora sem verificar o e-mail? ▪ E se o relatório precisar de mais tempo do que o planejado?

(*continua*)

Resumo dos treinos cognitivos (*continuação*)			
	Participante motivado?	Observações sobre as atividades sobre funções cognitivas e prática do jogo de xadrez	Observações sobre a atividade prática (gerenciamento de metas)
Treino 9	Sim	Ação Intencional será realizada por meio da testagem dos passos definidos nas sessões anteriores.	Como testar os passos e quais emoções poderiam surgir? Quais as expectativas? Definição de uma data para iniciar o teste dos passos: ▪ um passo de cada vez; ▪ primeiro a agenda; ▪ depois, horário fixo para relatório.
Treino 10	Sim	Após apresentação sobre "Desempenho Efetivo", cliente relatou ter ficado contente com a experiência de testar os passos. Relatou a importância da clareza da meta e dos passos para o seu alcance.	Ao testar os passos, relatou que foi capaz de: ▪ não marcar dois compromissos no mesmo dia; ▪ entrega um relatório no prazo. No entanto: ▪ esqueceu um compromisso; ▪ não foi capaz de terminar um relatório, referindo que seus colegas o interrompem muito.
Treino 11	Sim	Metacognição: participante capaz de identificar seus pontos fracos e padrões de comportamento. Reflexão sobre como o planejamento feito poderá ajudá-lo.	Ajustes necessários: ▪ anotação de compromissos; ▪ treino de "falas" de como informar que está indisponível naquele momento.
Treino 12	Sim	No encerramento, participante foi capaz de fazer relações entre a prática do xadrez e as metas de planejamento propostas.	Como usar as metas *SMART* em outros contextos? Seria possível usar alguma(s) das estratégias na organização da casa também?

REFERÊNCIAS BIBLIOGRÁFICAS

1. Lezak M, Howieson D, Loring D, Hannay H, Fischer J. Neuropsychological assessment. New York: Oxford University Press; 2004.
2. Fuster JM. Frontal lobe and cognitive development. J Neurocytol. 2002;31(3-5).373-85.
3. Baddeley A. Working memory: looking back and looking forward. Nat Rev Neurosci. 2003;4:829-39.
4. Bora E, Yücel M, Pantelis C. Cognitive impairment in schizophrenia and affective psychoses: implications for DSM-V criteria and beyond. Schizophr Bull. 2010;36:36-42.
5. Brown TE. ADD/ADHD and impaired executive function in clinical practice. Curr Psychiatry Rep. 2008;10:407-11.
6. Di Trani M, Casini MP, Capuzzo F, Gentile S, Bianco G, Menghini D, et al. Executive and intellectual functions in attention-deficit/hyperactivity disorder with and without comorbidity. Brain and Development. 2011;33(6):462-9.
7. Fernández-Serrano MJ, Pérez-García M, Verdejo-García A. What are the specific vs. generalized effects of drugs of abuse on neuropsychological performance? Neuroscience & Biobehavioral Reviews. 2011;35(3):377-406.
8. Potvin S, Stavro K, Rizkallah É, Pelletier J. Cocaine and cognition: a systematic quantitative review. Journal of Addiction Medicine. 2014;8(5):368-76.
9. Hill SK, Bishop JR, Palumbo D, Sweeney JA. Effect of second-generation antipsychotics on cognition: current issues and future challenges. Expert Rev Neurother. 2010;10(1):43-57.
10. Liddle PF. Cognitive impairment in schizophrenia: its impact on social functioning. Acta Psychiatrica Scandinavica. 2000;101:11-6.
11. Wade DT. Evidence relating to goal planning in rehabilitation. Clin Rehabil. 1998;12(4):273-5.
12. Bovend'Eerdt TJ, Botell RE, Wade DT. Writing SMART rehabilitation goals and achieving goal attainment scaling: a practical guide. Clin Rehabil. 2009;23:352-61.
13. Wilson BA, Gracey F, Evans J, Bateman A. Neuropsychological rehabilitation: theories, models, therapy and outcome. Cambridge; 2009.
14. Levine B, Robertson IH, Clare L, Carter G, Hong J, Wilson BA, et al. Rehabilitation of executive functioning: an experimental-clinical validation of goal management training. J Int Neuropsychol Soc. 2000;6(3):299-312.
15. Oliveira V. Jogos de regras e resoluções e problemas. Petrópolis: Vozes; 2004.
16. Nichelli P, Grafman J, Pietrini P, Alway D, Carton J, Miletich R. Brain activity in chess playing. Nature. 1994;369(6477):191.
17. Atherton M, Zhuang J, Bart W, Hu X, He S. A functional MRI study of high-level cognition. I. The game of chess. Brain Res Cogn Brain Res. 2003;16:26-31.
18. Unterrainer JM, Kaller CP, Halsband U, Rahm B. Planning abilities and chess: a comparison of chess and non-chess players on the Tower of London task. Br J Psychol. 2006;97:299-311.

19. Aciego R, Garcia L, Betancort M. The benefits of chess for the intellectual and social-emotional enrichment in schoolchildren. Span J Psychol. 2012;15:551-9.
20. Barrett DC, Fish WW. Our move: using chess to improve math achievement for students who receive special education services. International Journal of Special Education. 2011;26:181-93.
21. Sala G, Gobet F. Do the benefits of chess instruction transfer to academic and cognitive skills? A meta-analysis. Educational Research Review. 2016;18:46-57.
22. Demily C, Cavezian C, Desmurget M, Berquand-Merle M, Chambon V, Franck N. The game of chess enhances cognitive abilities in schizophrenia. Schizophr Res. 2009;107(1):112-3.
23. Gonçalves PD. Xadrez motivacional: uma nova abordagem de estimulação das funções executivas em dependentes de cocaína/crack [dissertação]. São Paulo: Universidade de São Paulo; 2014.
24. Gonçalves PD, Ometto M, Bechara A, Malbergier A, Amaral R, Nicastri S, et al. Motivational Interviewing combined with chess accelerates improvement in executive functions in cocaine dependent patients: a one-month prospective study. Drug and Alcohol Dependence. 2014;141:79-84.
25. Miller WR, Rollnick S. Motivational interviewing: helping people change. Guilford Press; 2012.
26. Miller WR, Rollnick S. Motivational interviewing: preparing people for change. 2. ed. New York: The Guildford Press; 2002.
27. Miller WR, Rose GS. Toward a theory of motivational interviewing. American Psychologist. 2009;64(6):527.
28. Bechara A, Tranel D, Damasio HG. Characterization of the decision-making deficit of patients with ventromedial prefrontal cortex lesions. Brain. 2000;123:2189-202.
29. Confederação Brasileira de Xadrez. Leis do xadrez da FIDE em vigor a partir de 1º julho de 2017. Disponível em: http://www.cbx.org.br/files/downloads/E01_Leis_do_Xadrez_para_competi%C3%A7%C3%B5es_a%20partir_de_1_julho_2017.pdf.
30. Diamond A. Executive functions. Annual Review of Psychology. 2013;64:135-68.
31. Dicio. Dicionário online da língua portuguesa. Disponível em: https://www.dicio.com.br.
32. Milos Júnior G, D´Isarel D. Xeque e mate – O xadrez nas escolas. Gráfica e Editora Adonis; 2000.

ÍNDICE REMISSIVO

SLIDES

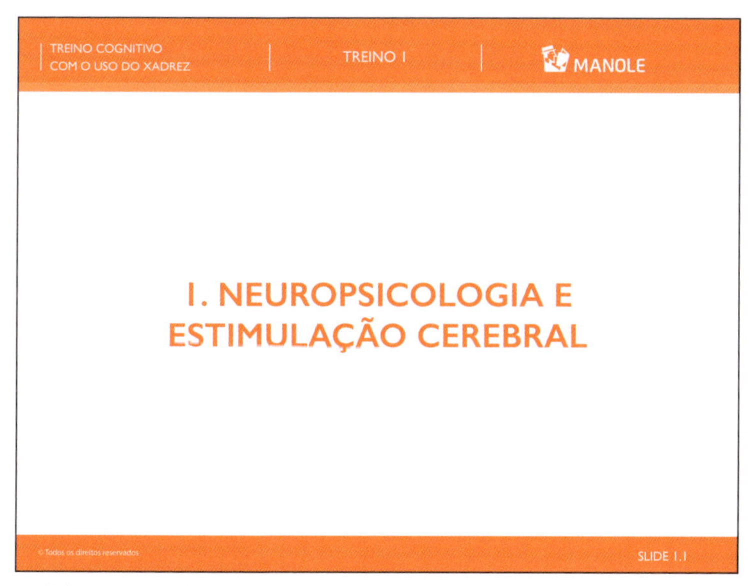

Slide 1.1 "Hoje iremos falar um pouco sobre o funcionamento do cérebro e o motivo da escolha do jogo de xadrez para o treino cognitivo."

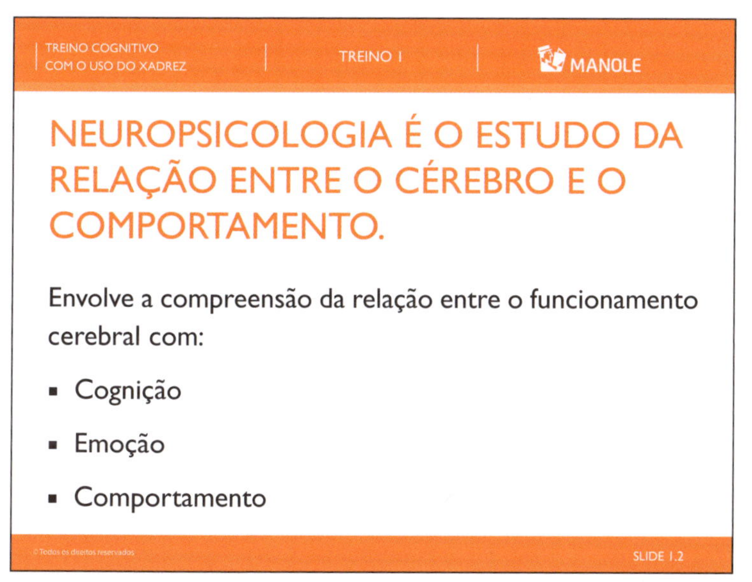

Slide 1.2 "O treino cognitivo que iremos realizar nos próximos 12 encontros é baseado nos conhecimentos da neuropsicologia, que é a ciência que estuda a relação entre o cérebro, o comportamento, a cognição e as emoções, assim, a neuropsicologia pode inferir sobre o funcionamento do cérebro por meio da observação dos comportamentos."

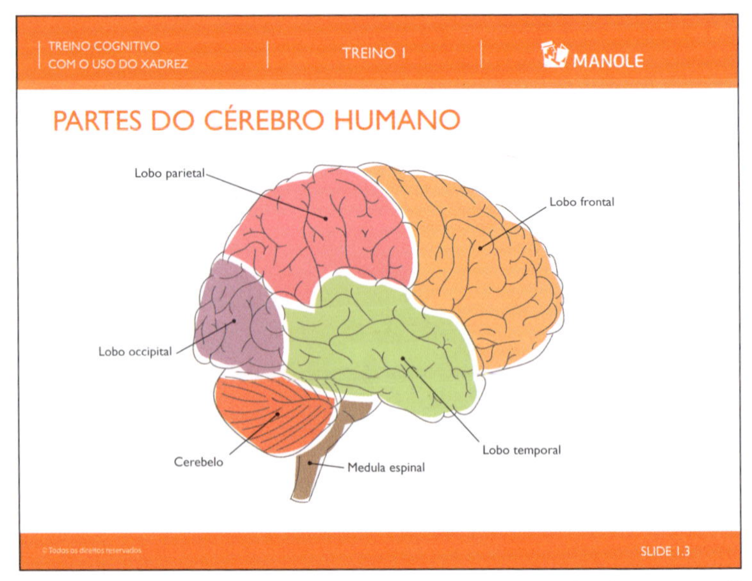

Slide 1.3 "Cada região do cérebro está relacionada com alguma função cognitiva. Por exemplo, no lobo temporal são processadas as informações auditivas, a linguagem receptiva e a memória. A região frontal é relacionada às funções cognitivas mais superiores, como planejamento, controle de impulsos e tomada de decisões."

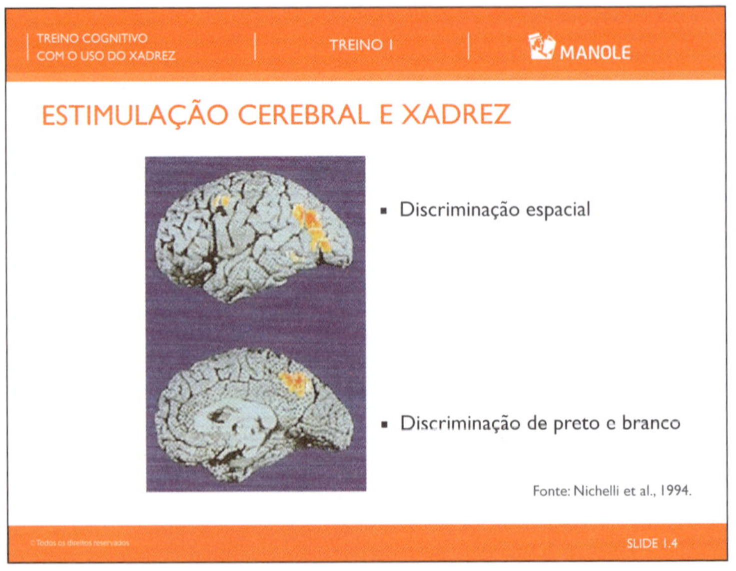

Slide 1.4 "Neste estudo de neuroimagem, as pessoas jogavam xadrez enquanto foi feito um exame de ressonância magnética do cérebro. As áreas em amarelo e laranja indicam maior ativação cerebral durante determinados momentos do jogo. Quando as pessoas estavam apenas olhando o tabuleiro, estas áreas, relacionadas com o processamento visuoespacial, foram estimuladas."

Fonte: Nichelli et al., 1994[16].

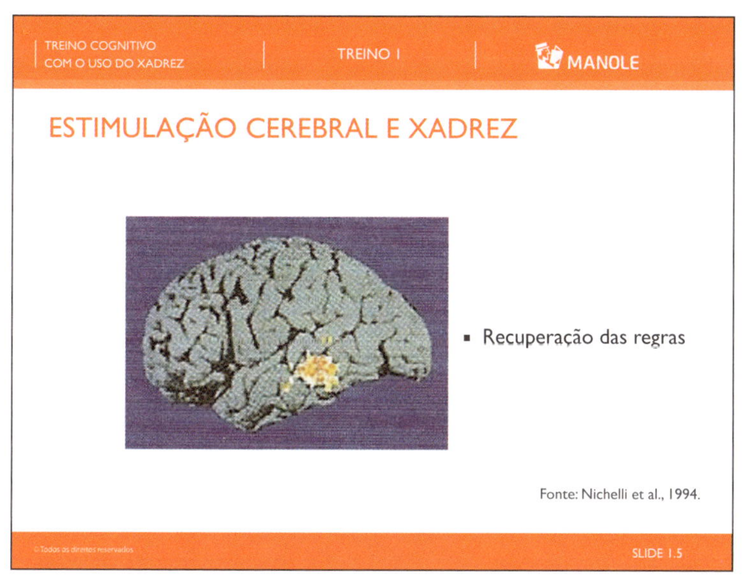

Slide 1.5 "Vejam que interessante: no momento em que as pessoas precisavam se lembrar das regras, a região relacionada à memória ficou mais ativada."

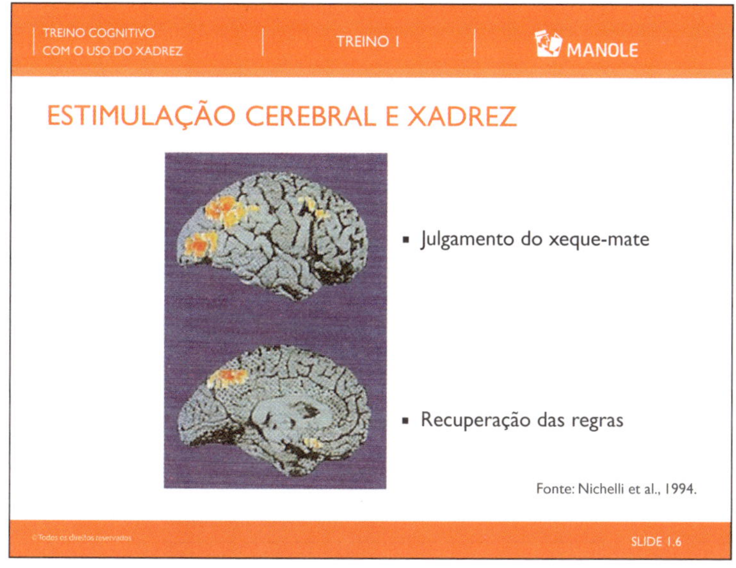

Slide 1.6 "Por fim, quando as pessoas estavam no momento mais complexo do jogo, que é a realização do xeque-mate, diversas áreas cerebrais foram estimuladas."

Slide 1.7 "Então, por isso o jogo de xadrez pode ser uma ótima ferramenta para exercitar o seu cérebro."

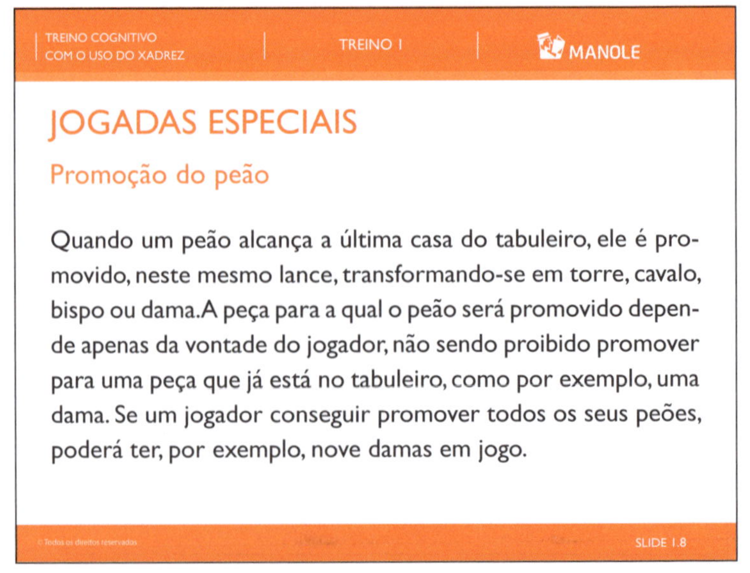

Slide 1.8 "No xadrez, além dos movimentos de cada peça, temos também as jogadas especiais. A primeira que iremos explorar é a promoção do peão. Nessa jogada, quando o peão chega na última casa do tabuleiro, ele pode se tornar qualquer peça, exceto o rei. Assim, é possível recuperar peças que tenham sido capturadas."

Slide 2.1 "Hoje iremos falar sobre o que é a atenção, qual a influência dela em nossa vida e como o jogo de xadrez pode estimulá-la."

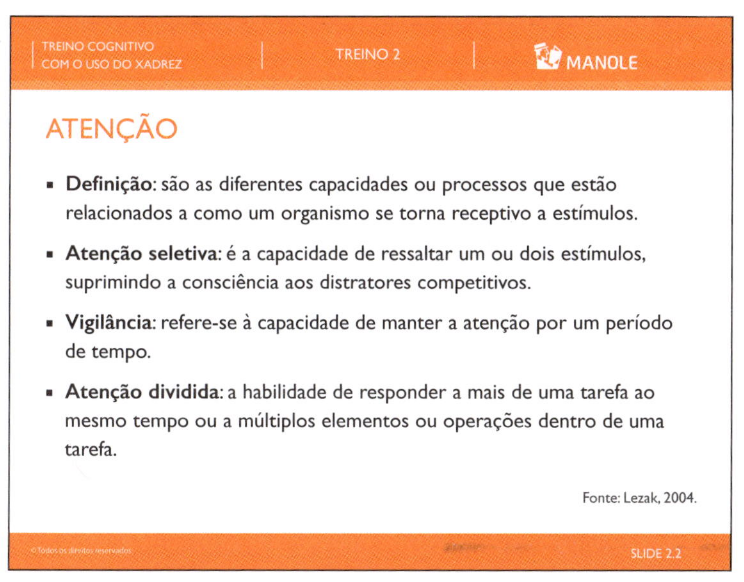

Slide 2.2 "Existem diferentes tipos de atenção e cada um deles tem uma função diferente em nosso cotidiano."

Slide 2.3 "Nesta jogada, é necessário prestar atenção em todos os campos do tabuleiro. Se o jogador focar apenas neste campo maior, o que pode acontecer?"

Slide 2.4 "Por ter prestado mais atenção em apenas um dos campos, isso o fez perder uma peça importante, que é o cavalo."

TREINO COGNITIVO COM O USO DO XADREZ | TREINO 2 | MANOLE

ATENÇÃO E XADREZ

- Só o fato de estar sentado em frente ao tabuleiro e prestando atenção já é um ótimo exercício e estimula a concentração.
- Durante o jogo é preciso prestar atenção a diversos estímulos, assim como na vida.
- Se priorizamos uma situação em detrimento de outra podemos ter prejuízos.

SLIDE 2.5

Slide 2.5 "Assim, o jogo de xadrez pode estimular a atenção de diversas formas."

Slide 2.6 "A tomada *en passant* é uma jogada especial do peão. As condições essenciais para a sua realização são: I) peão estar na terceira casa de origem;"

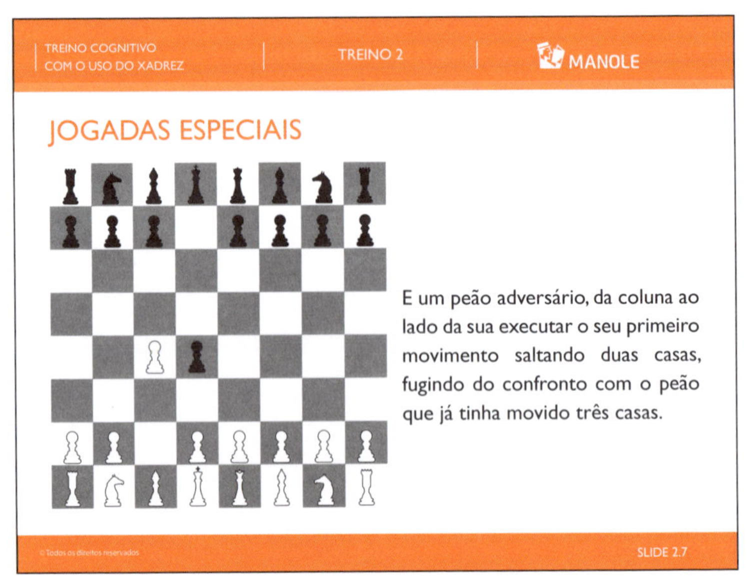

Slide 2.7 "2) o peão adversário se movimentar duas casas para impedir o confronto."

Slide 2.8 "Então, a tomada en passant pode ocorrer com a captura imediata após a movimentação de evitação de confronto, nesta figura das peças brancas."

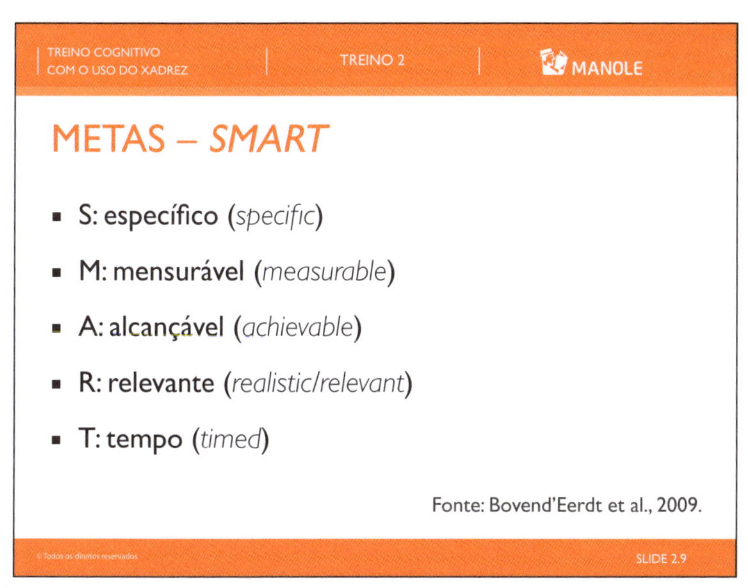

Slide 2.9 "As metas SMART são específicas, mensuráveis, possíveis de serem alcançadas, relevantes e têm um tempo para acontecer. São exemplos de metas SMART: 1) emagrecer 3 quilos em 6 mese;. 2) estudar duas horas por semana; 3) ler 5 páginas de um livro por dia."

Slide 3.1 "Hoje iremos falar sobre o que são as funções executivas, qual a influência delas em nossa vida e como o jogo de xadrez pode estimulá-las."

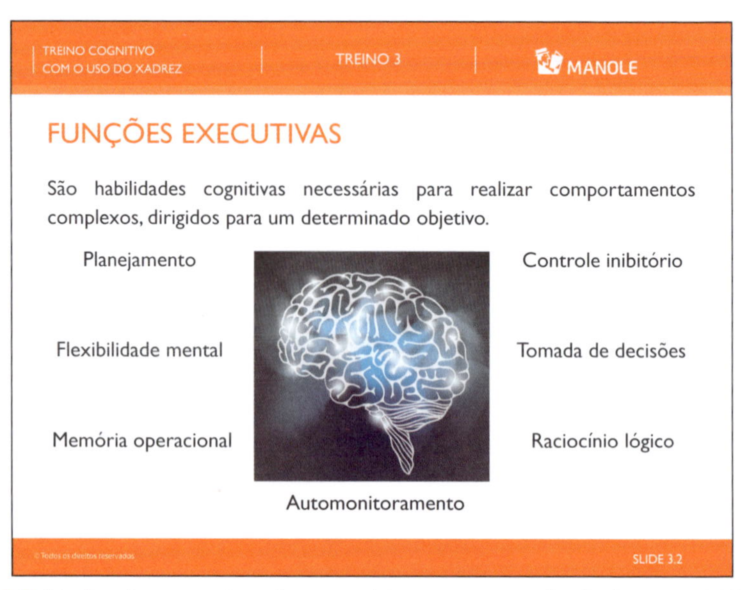

Slide 3.2 "As funções executivas são necessárias para a execução de diversas atividades de vida diária. Por exemplo, cozinhar, planejar uma viagem."

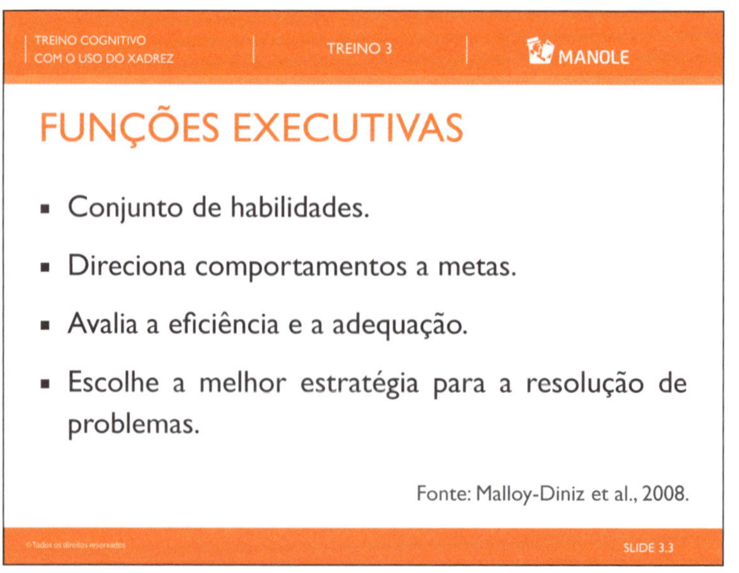

Slide 3.3 "Para fazer um bolo, precisamos primeiro ter a vontade de fazer/comer o bolo, depois, o planejamento (comprar os ingredientes), fazer substituições de acordo com os itens que temos em casa, avaliar se é preciso colocar mais farinha ou leite para a massa ficar homogênea."

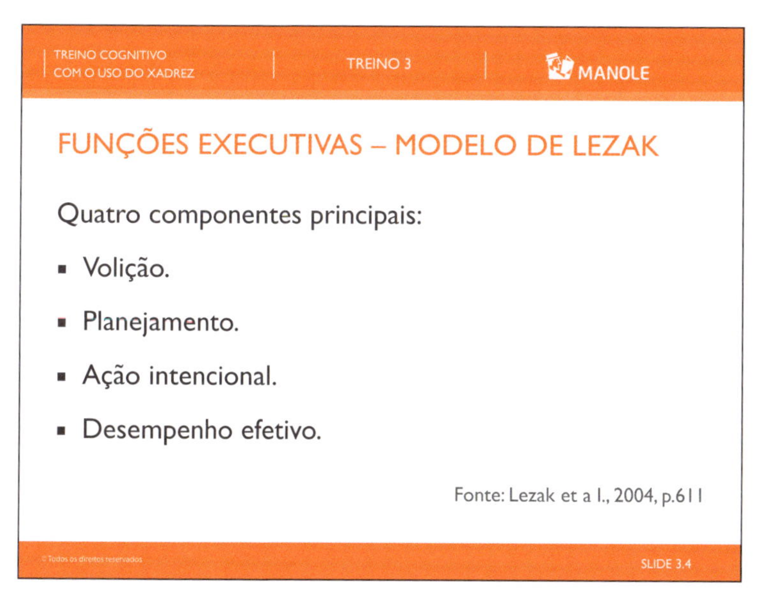

Slide 3.4 "Existem diversas definições de funções executivas. Aaqui iremos usar a de Lezak, que divide em 4 componentes. No exemplo do bolo: a vontade seria a volição, a compra dos itens é o planejamento, a ação e o desempenho são começar a fazer, verificar e realizar possíveis alterações."

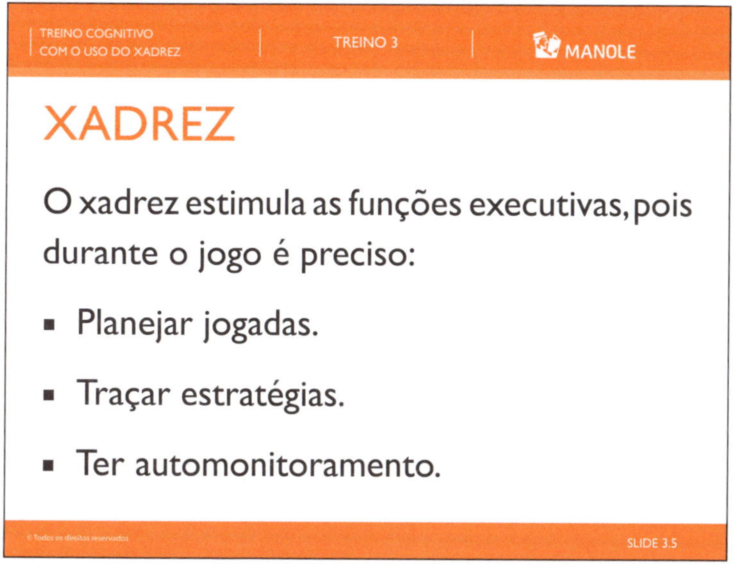

Slide 3.5 "O jogo de xadrez estimula as funções executivas, pois a cada jogada é preciso analisar as peças, ter um planejamento e avaliar o impacto da estratégia utilizada."

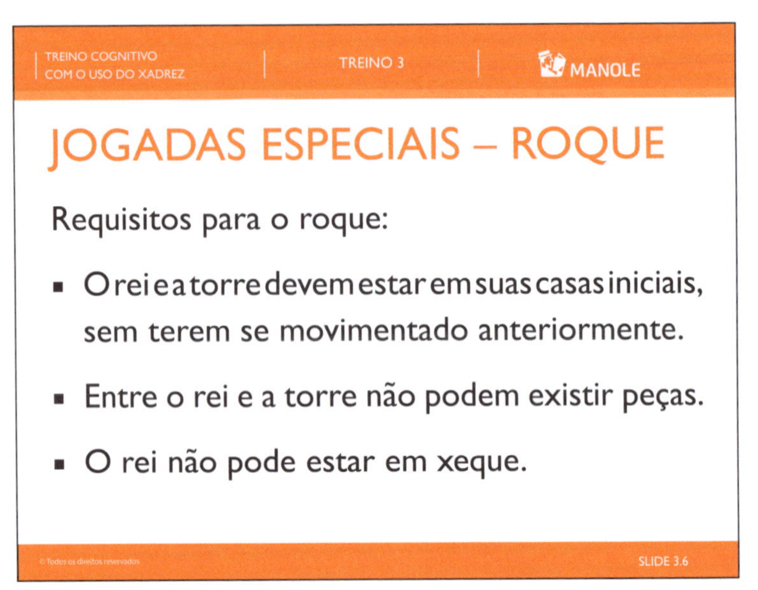

Slide 3.6 "Outra jogada especial é o roque. O roque é uma jogada que pode proteger o rei e facilitar a movimentação da torre. Para o roque ocorrer, precisamos de algumas condições como as descritas no slide."

Slide 3.7 "Assim, se temos as peças (rei e torre) que não foram movimentadas previamente, e as casas livres (sem peças como na figura) ..."

Slide 3.8 "... Podemos movimentar o rei e a torre por duas casas (como na figura). Temos dois tipos de roque, o pequeno e o grande."

Slide 3.9 "O grande é quando há um espaço de três casas entre o rei e a torre. Lembre-se: você não pode ter movimentado as peças previamente e também o rei não pode estar em xeque."

Slide 3.10 "No roque grande a torre se movimenta três casas e o rei se movimenta duas casas, como está na figura. Vamos praticar? Realize o movimento do roque pequeno e grande para auxiliar na fixação dessa jogada."

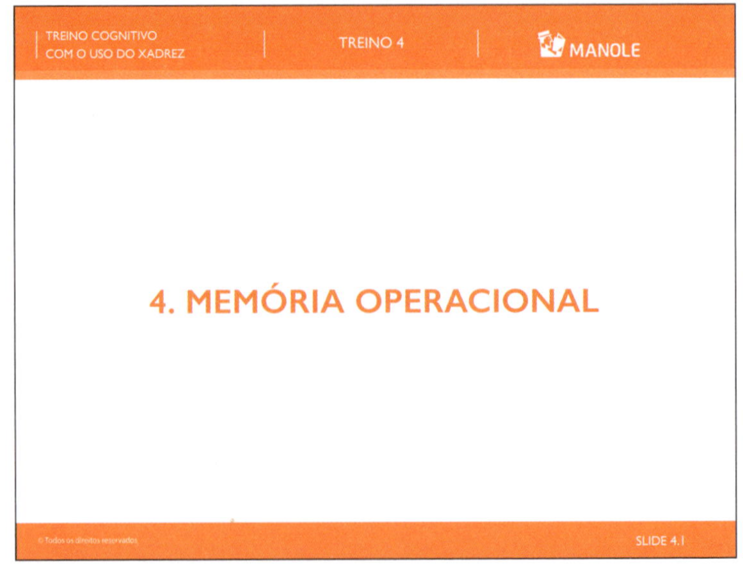

Slide 4.1 "Hoje iremos conversar sobre memória operacional ou memória de trabalho, do termo em inglês *working memory*, e como o jogo de xadrez estimula essa habilidade."

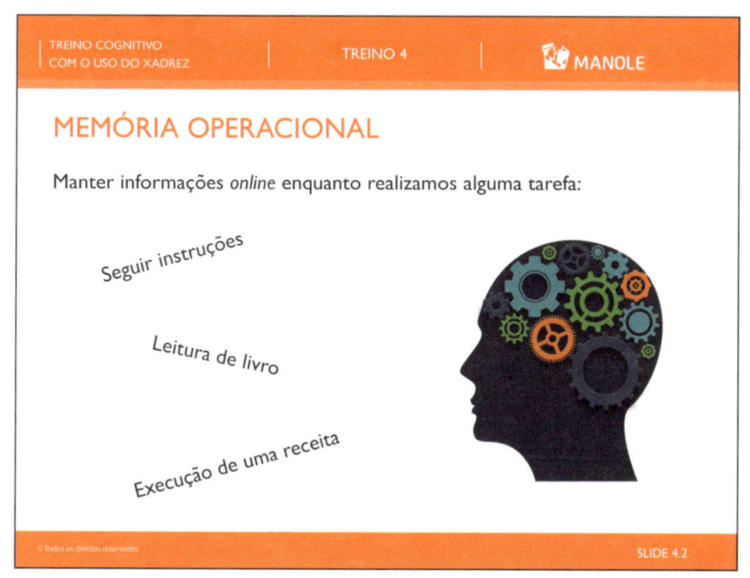

Slide 4.2 "Essa memória refere-se à capacidade de manter informações na mente por um período curto de tempo. Quando vamos cozinhar, é preciso lembrar de que já se colocou a farinha no bolo, por exemplo. No filme Procurando Nemo, o peixe Dory exibia dificuldades de lembrar o que tinha sido dito há poucos segundos/minutos."

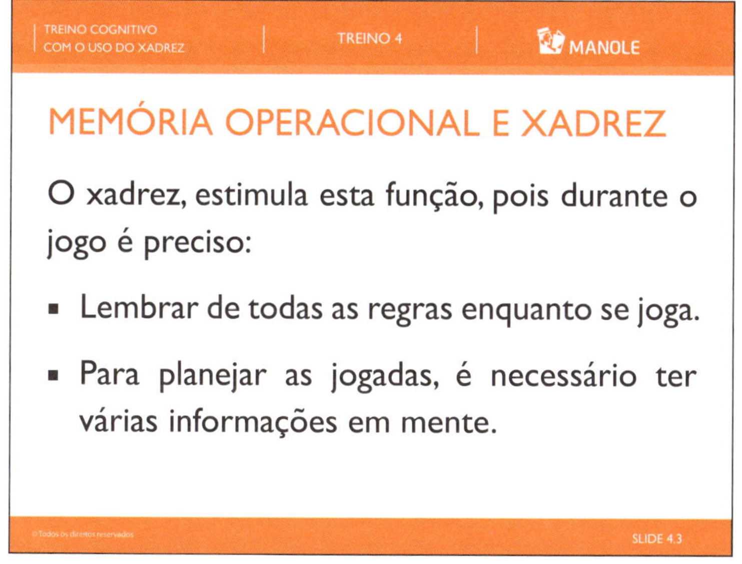

Slide 4.3 "Durante o jogo de xadrez, essa função é constantemente estimulada, pois a cada movimento é preciso se lembrar da movimentação das peças e explorar as possíveis jogadas."

Slide 4.4 "No jogo de xadrez, há estratégias que podem ajudar na movimentação de peças. Esse desenvolvimento das peças pode ocorrer por meio do posicionamento dos peões ao centro do tabuleiro, para que a movimentação do bispo seja possível."

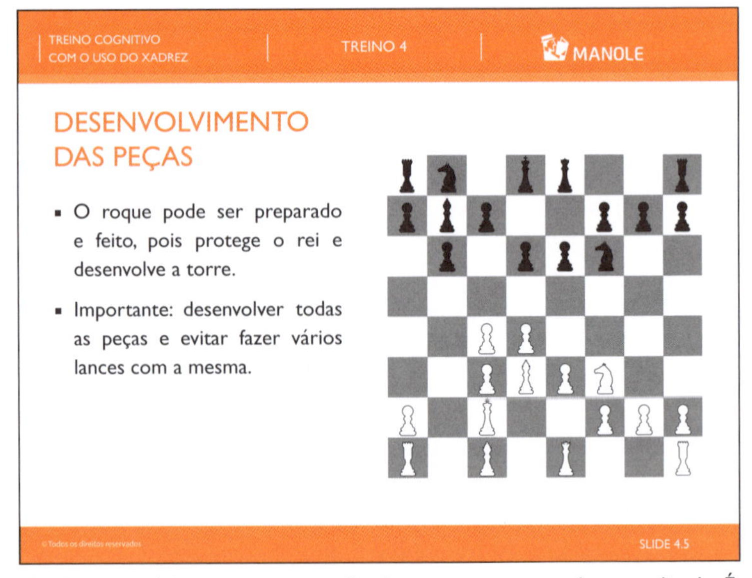

Slide 4.5 "Para possibilitar a movimentação da torre, o roque pode ser utilizado. É importante buscar movimentar o máximo de peças possíveis, ao invés de buscar traçar estratégias apenas com uma única peça."

TREINO COGNITIVO COM O USO DO XADREZ | TREINO 4 | MANOLE

DESENVOLVIMENTO DAS PEÇAS

- Casas importantes:
  - No centro.
  - Próximas ao rei inimigo.
  - Casas nas quais as peças tenham maior mobilidade e ação.

SLIDE 4.6

Slide 4.6 "Posicionar as peças em determinadas casas também colabora no desenvolvimento, por exemplo, posicionar peças no centro do tabuleiro, próximas ao rei do adversário, e em casas que tenham maior mobilidade."

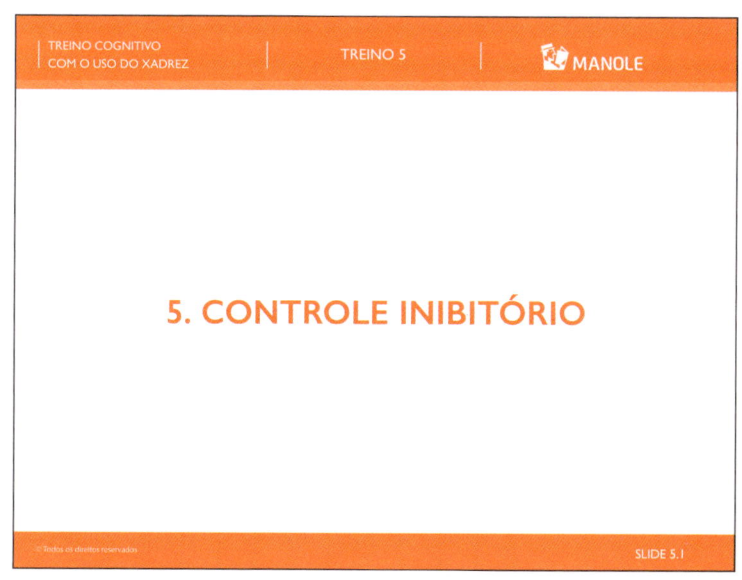

Slide 5.1 "Hoje iremos conversar sobre controle de impulsos ou controle inibitório. Essa função está relacionada a aspectos cognitivos e emocionais."

Slide 5.2 "O controle inibitório refere-se à capacidade de inibir uma resposta em detrimento de uma usual. Popularmente, algumas pessoas falam sobre o controle inibitório como a capacidade de resistir à tentação."

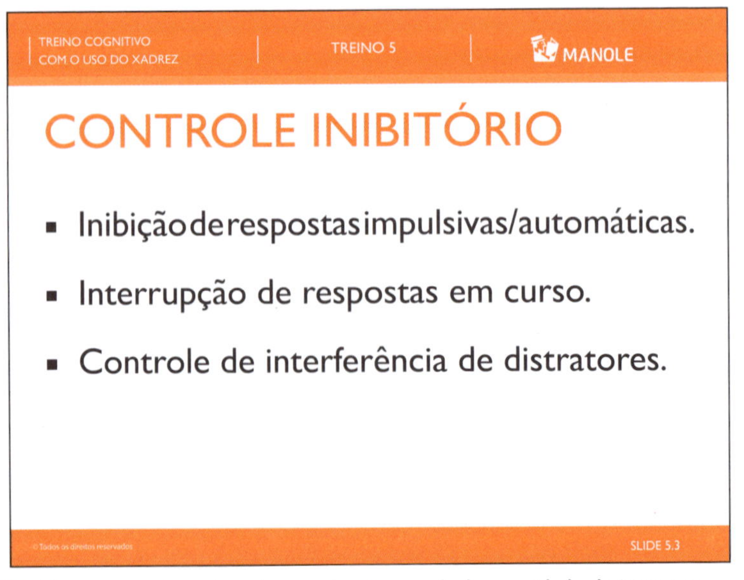

Slide 5.3 "Esse controle de impulsos está relacionado à capacidade de interromper esses impulsos (vontades) a fim de poder dar continuidade a um objetivo. Por exemplo, alguém que está de dieta inibir a vontade de comer doces."

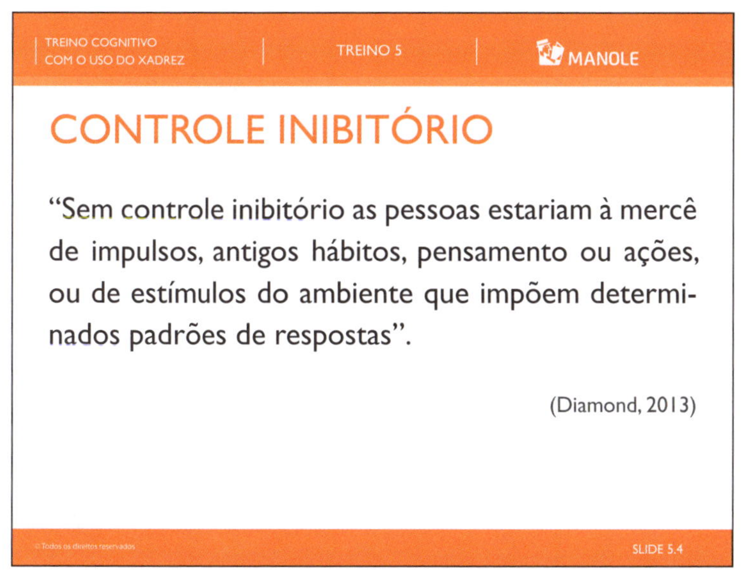

Slide 5.4 "Para o convívio em sociedade, o controle de impulsos é fundamental. Os aspectos emocionais também podem influenciar nessa capacidade. Por exemplo, uma pessoa quando se sente triste come chocolate, outra pessoa quando irritada fala mais alto."

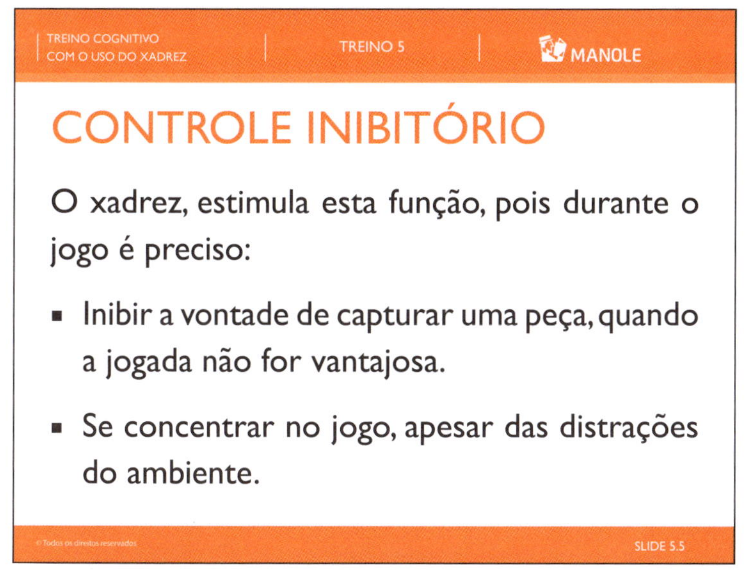

Slide 5.5 "Durante o jogo de xadrez, para alcançar o objetivo principal (capturar o rei adversário), por vezes, é preciso inibir a captura de uma peça e focar no planejamento em médio prazo."

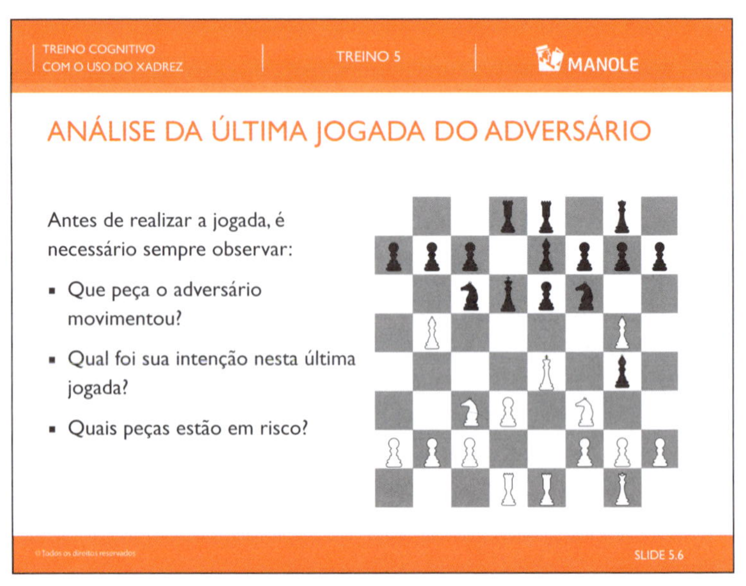

Slide 5.6 "Enquanto estamos jogando, antes de fazer um movimento, é preciso observar o tabuleiro e analisar quais as jogadas possíveis e seus benefícios ou prejuízos. Verificar se o adversário pode capturar alguma peça, pode ser o primeiro passo nesta análise."

Slide 6.1 "Hoje iremos conversar sobre planejamento. O planejamento envolve ter um objetivo claro, identificar passos e elementos para alcançar uma meta."

Slide 6.2 "Quanto mais específico e relevante o objetivo, mais fácil é a identificação dos elementos necessários. Por exemplo, se você deseja ir ao parque de diversões e andar em todas as montanhas russas, será preciso primeiro identificar quantas há no parque e quanto tempo você ficará no parque."

Slide 6.3 "O uso de recursos externos, como agenda, listas e aplicativos pode facilitar o planejamento e consequentemente a execução de tarefas mais corriqueiras do dia a dia, como ir ao mercado, planejar uma viagem, organizar as contas que precisam ser pagas."

Slide 6.4 "Durante o jogo de xadrez, é preciso planejar diversas vezes. O objetivo do jogo (capturar o rei adversário) é a meta principal a ser alcançada, porém, como fazer isso? Como dividir essa meta em metas pequenas ou submetas?"

Slide 6.5 "Como podemos antecipar as jogadas? Mentalmente, sem movimentar as peças, é possível prever se você colocará uma peça em risco."

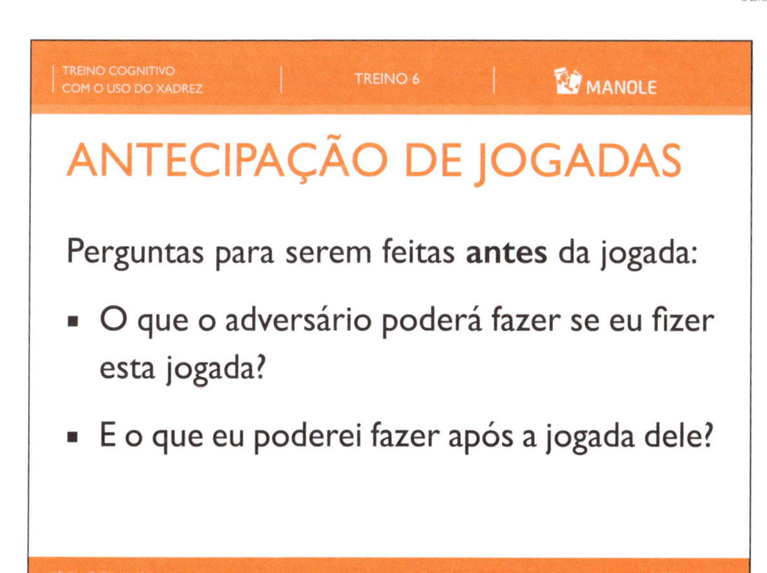

Slide 6.6 "Assim, antes de realizar um movimento, faça esse movimento dentro da sua cabeça e procure prever o que poderá acontecer, o que é mais provável que o adversário faça."

Slide 6.7 "Aqui iremos fazer o exercício de antecipar jogadas. Imagine que você está jogando com as peças brancas. Se você movimentar o peão uma casa (bola vermelha), libera a passagem do bispo da casa preta (desenvolvimento de peça). Se depois mover o cavalo (bola vermelha), perceba que o bispo protege o cavalo. E se depois movimentar a rainha (bola vermelha), você colocará o adversário em xeque, e pode ficar mais próximo do objetivo do jogo."

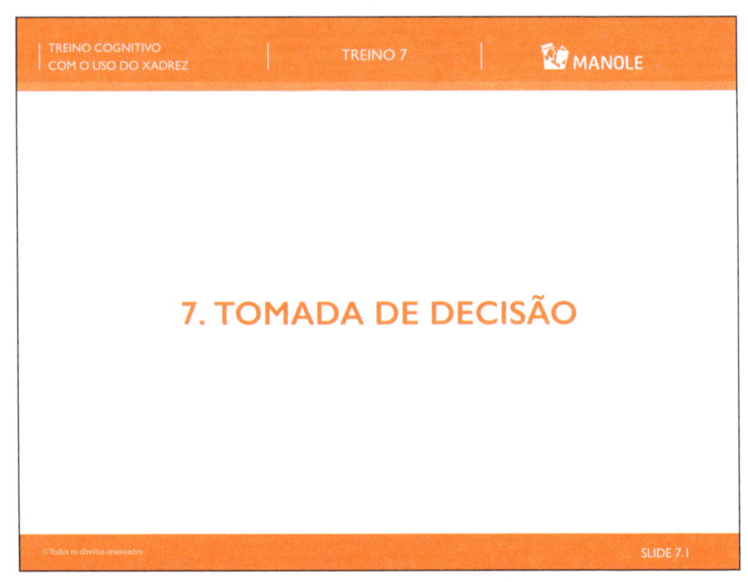

Slide 7.1 "Hoje iremos conversar sobre tomada de decisões, que é uma habilidade utilizada constantemente em nossa vida e no jogo de xadrez."

Slide 7.2 "Como o próprio nome diz, essa habilidade envolve uma decisão, uma escolha diante de uma situação. Por exemplo, quando temos uma série de compromissos em um dia, precisamos escolher qual iremos fazer primeiro."

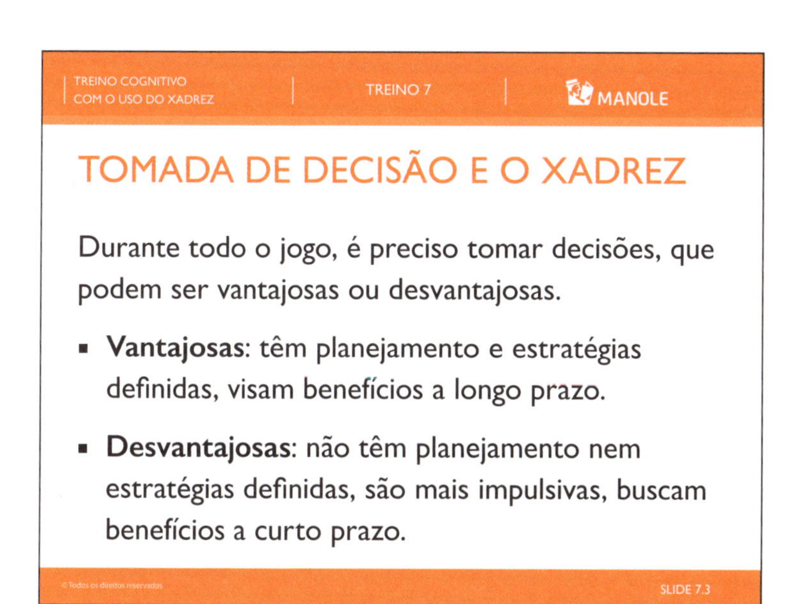

Slide 7.3 "No jogo de xadrez, exercitamos a tomada de decisões a cada jogada! É importante sempre analisar se as nossas decisões foram vantajosas ou desvantajosas."

Slide 7.4 "Neste exemplo, o jogador com as peças pretas precisa decidir se ele irá capturar o bispo adversário com sua torre."

Slide 7.5 "Provavelmente ele ficou muito animado com a ideia de capturar o bispo adversário e decidiu por isso!"

Slide 7.6 "Porém, esse prazer momentâneo custou-lhe a perda de sua torre, que é uma peça muito importante para o jogo! Dessa forma, fica claro que essa joga foi desvantajosa."

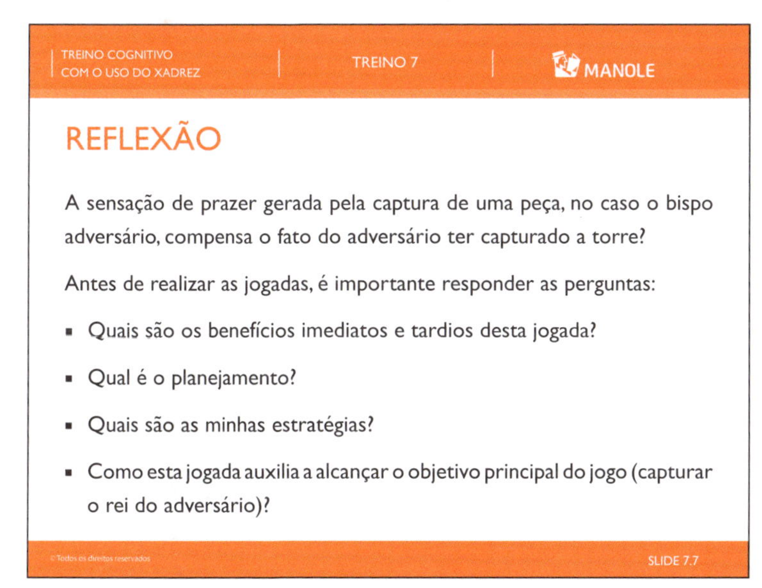

Slide 7.7 "Antes de tomarmos uma decisão, é fundamental sempre pensarmos nas vantagens e desvantagens da nossa escolha. Essas perguntas podem auxiliar durante o jogo."

Slide 8.1 "Hoje iremos conversar sobre flexibilidade cognitiva, que é uma habilidade muito importante para nosso desempenho na vida diária e no jogo de xadrez."

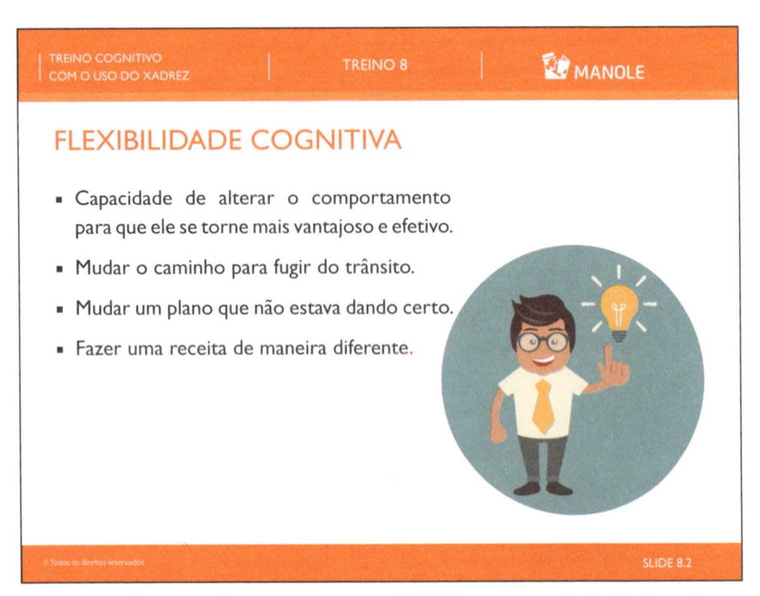

Slide 8.2 "Ser flexível, significa o que para você(s)? Uma pessoa inflexível geralmente é considerada uma pessoa difícil, não é? Quando percebemos que algo não está sendo vantajoso e conseguimos fazer de uma maneira diferente, estamos sendo flexíveis. Aqui vemos alguns exemplos de como praticar nossa flexibilidade cognitiva."

Slide 8.3 "No jogo de xadrez também temos que ter flexibilidade cognitiva. Aqui estão alguns exemplos."

Slide 8.4 “Agora iremos falar sobre um dos termos mais conhecidos do xadrez: o xeque-mate. Quando o rei está ameaçado por uma ou mais peças, dizemos que ele está em xeque. E quando ele é de fato capturado, ocorre o xeque-mate e a vitória de quem o realizou.”

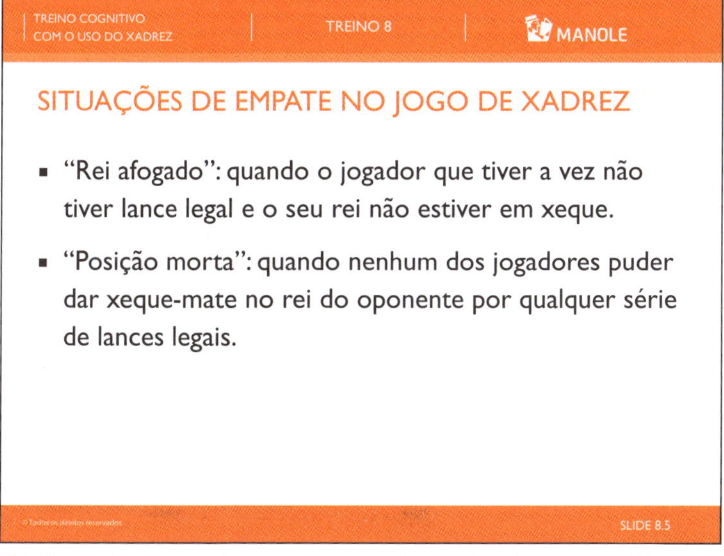

Slide 8.5 “Essas são as situações em que o jogo é considerado empatado. Vamos demonstrar no tabuleiro para ficar claro.”

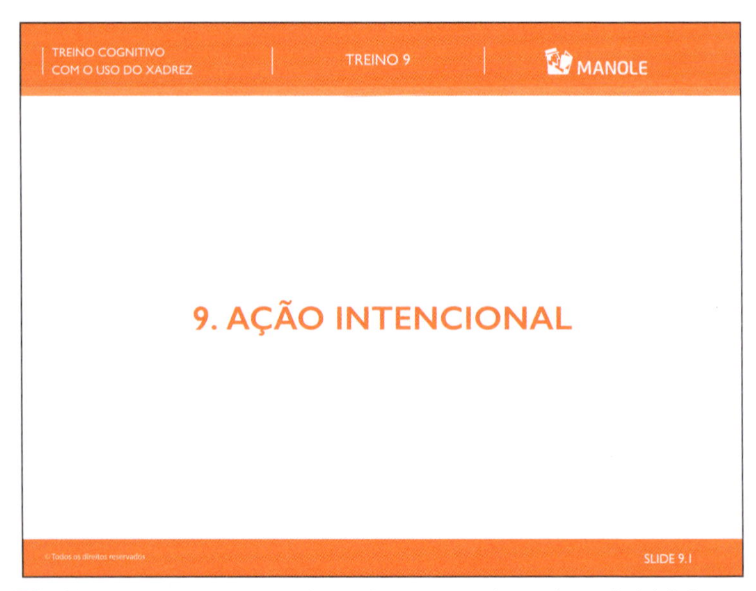

Slide 9.1 "Hoje iremos conversar sobre ação intencional, que é uma habilidade muito fundamental para atingirmos nossos objetivos."

Slide 9.2 "Após a realização do planejamento, é preciso colocá-lo em prática da maneira mais organizada possível, isto é, sabendo por que estamos realizando cada ação."

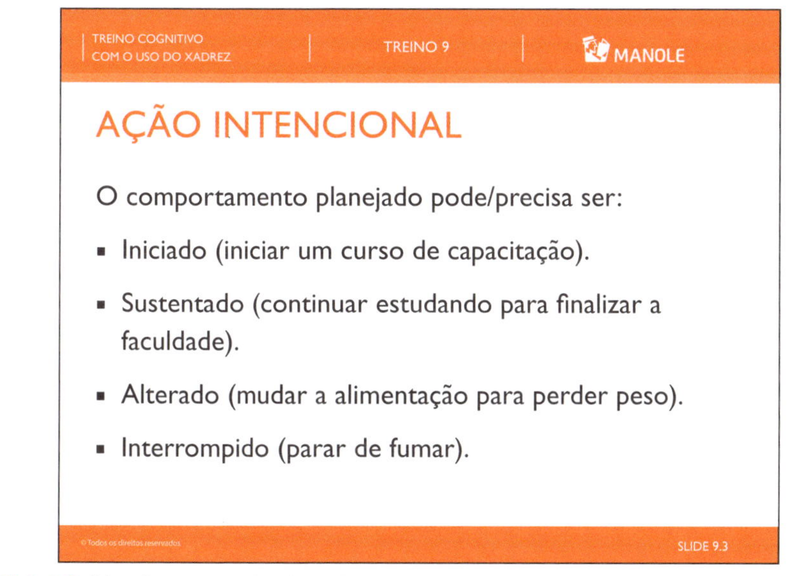

Slide 9.3 "A ação a ser realizada pode variar, conforme o nosso planejamento e o objetivo final. Aqui estão alguns exemplos disso."

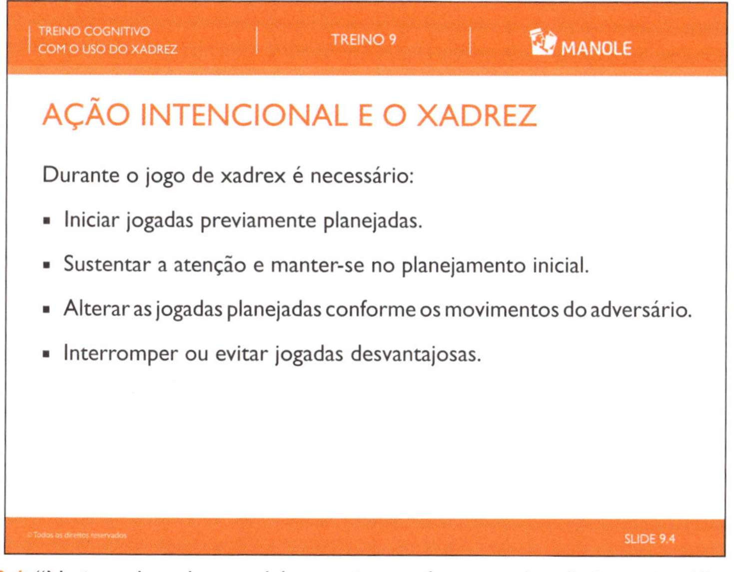

Slide 9.4 "No jogo de xadrez também precisamos fazer uso da ação intencional."

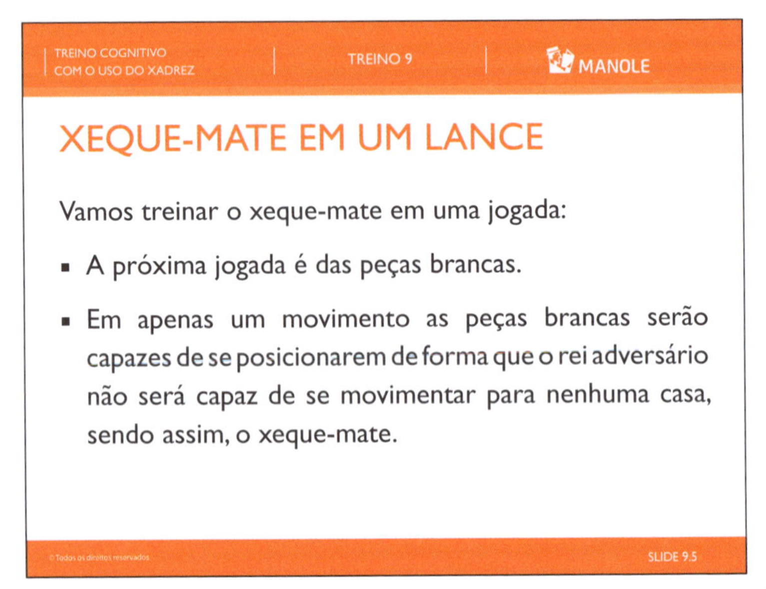

Slide 9.5 "Agora faremos um exercício de como fazer um xeque-mate em uma jogada." Sugestão: fazer atividade no tabuleiro físico.

Slide 9.6 "Esta é a situação do jogo. É a vez de as peças brancas se movimentarem. O que vocês fariam para dar o xeque-mate?"

Slide 9.7 "Esta é a situação do jogo em outra visão. E aí, já sabem o que fariam para alcançar o xeque-mate?"

Slide 9.8 "Se a rainha branca capturar o peão preto, o rei preto não terá como escapar do xeque."

Slide 9.9 "O rei preto não pode capturar a rainha, senão ele será capturado pela torre adversária. E qualquer movimentação que ele faça, continuará em xeque."

Slide 9.10 "Xeque-mate!"

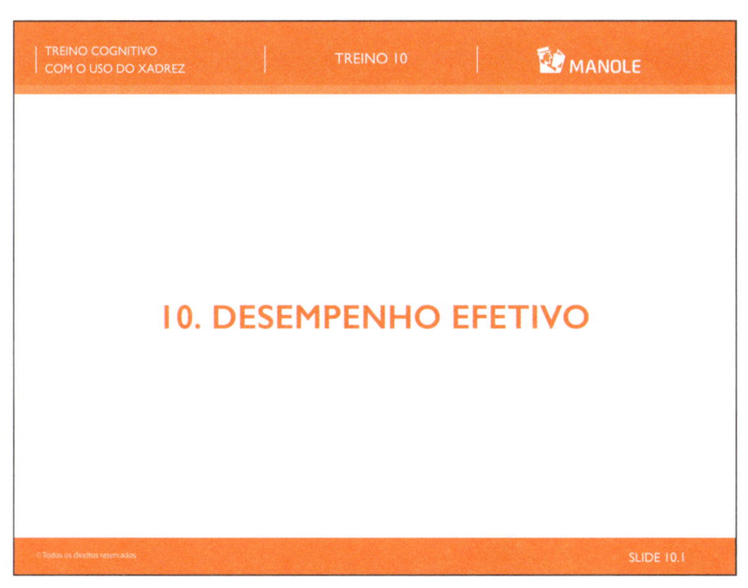

Slide 10.1 "Hoje iremos conversar sobre desempenho efetivo. Ele está relacionado à habilidade de monitorar, autocorrigir e regular a intensidade e o tempo."

Slide 10.2 "No exemplo do arco e flecha, a pessoa pode precisar colocar mais ou menos força ao puxar a flecha para alcançar o seu alvo."

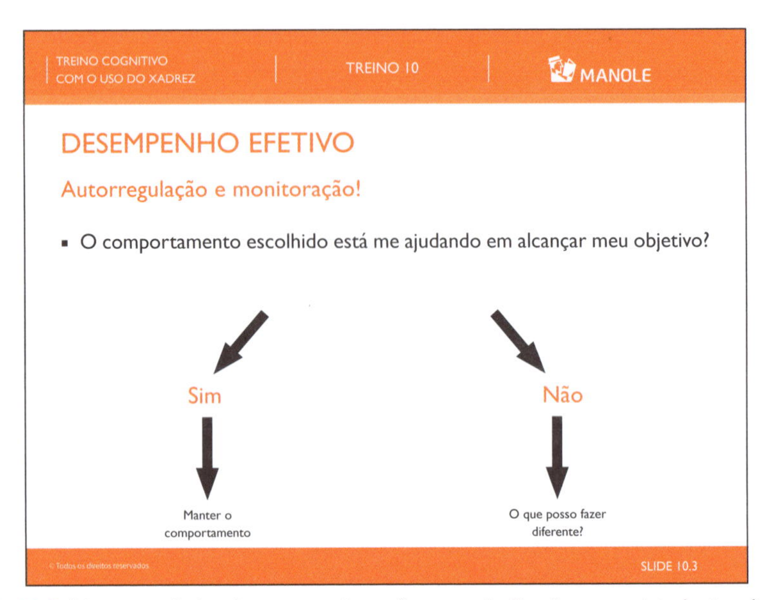

Slide 10.3 "As capacidades de automonitoração e regulação são essenciais. Assim, diante de um objetivo específico, deve-se avaliar se o comportamento atual está contribuindo para alcançá-lo; e em caso negativo, quais alterações podem ser feitas."

Slide 10.4 "Durante o jogo de xadrez. é preciso avaliar o rendimento e ponderar a necessidade de mudança ou não de estratégia."

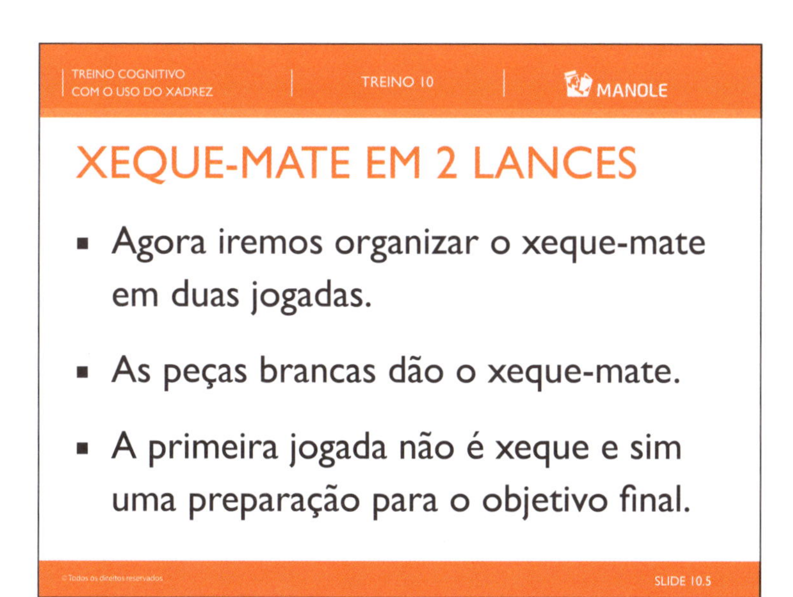

Slide **10.5** "Agora iremos organizar o xeque mate em duas jogadas. As peças brancas farão dois movimentos. O primeiro movimento não é um xeque. É preciso ter atenção quanto ao movimento das peças pretas para que seja possível o xeque-mate."

Slide **10.6** "Neste tabuleiro temos três peças, dois reis (um branco e um preto) e uma torre. As peças brancas fazem o primeiro movimento." Sugestão: fazer atividade no tabuleiro físico.

Slide **10.7** "Vamos movimentar a torre. Quais são os movimentos possíveis?"

Slide **10.8** "Lembre-se de que a torre se movimenta na horizontal e vertical. Vamos movimentar a torre para a casa G2, conforme indicado na figura."

Slide 10.9 "Agora as peças pretas se movimentam. Para qual casa o rei pode ir sem estar ameaçado?"

Slide 10.10 "O rei não pode ir para as casas com a bola vermelha, por poder estar ameaçado pela torre ou por ficar próximo do rei adversário."

Slide **10.11** "Assim, a única casa possível é esta!"

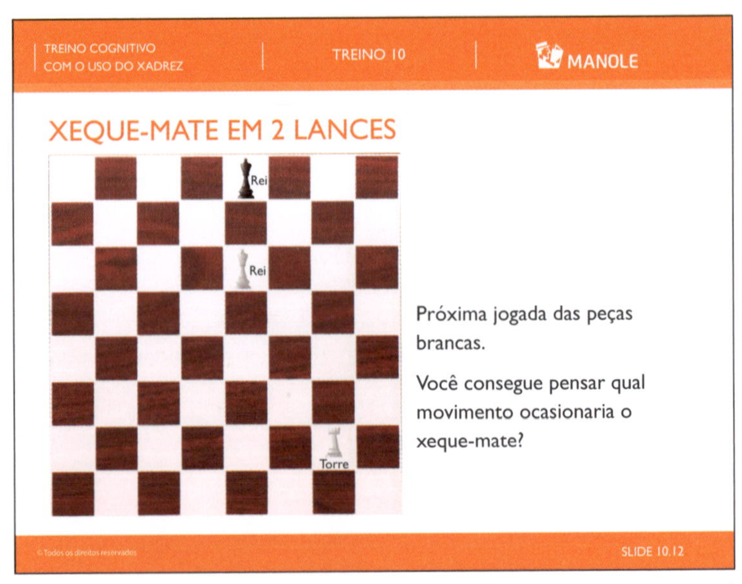

Slide **10.12** "A próxima jogada é das peças brancas. Você consegue pensar em qual peça movimentar? Rei ou torre?"

Slide **10.13** "Isso mesmo, vamos movimentar a torre para frente, ocasionando o xeque."

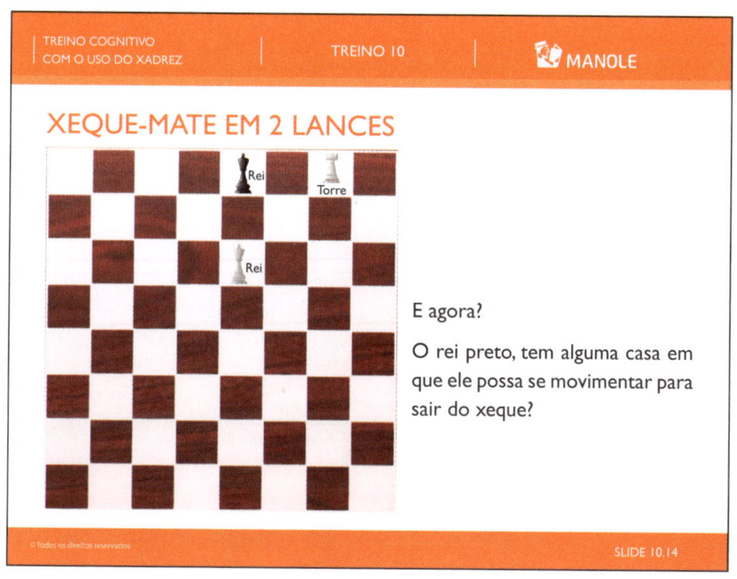

Slide **10.14** "O rei preto, essa peça tem alguma casa em que ela possa se movimentar para sair do xeque?"

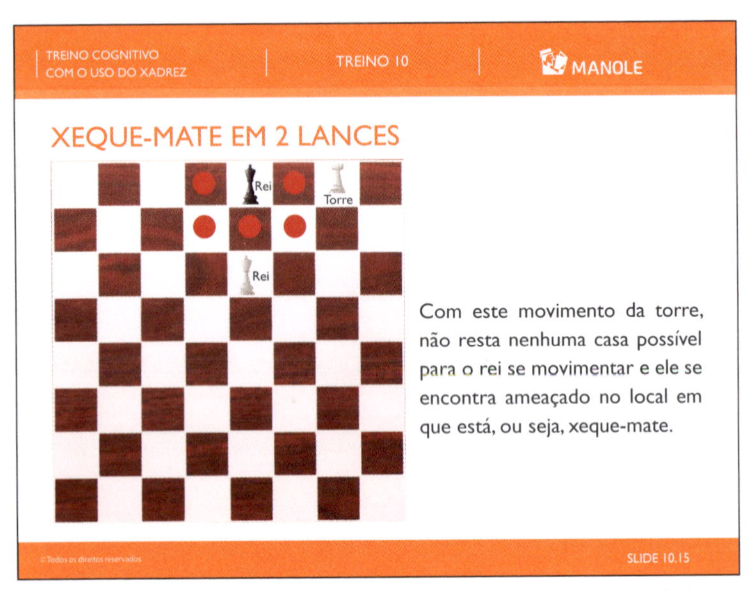

Slide **10.15** "Com este movimento da torre, não resta nenhuma casa possível para o rei se movimentar, e ele se encontra ameaçado no local em que está, ou seja, xeque mate."

Slide **11.1** "Hoje iremos conversar sobre metacognição. Você já ouviu essa antes?"

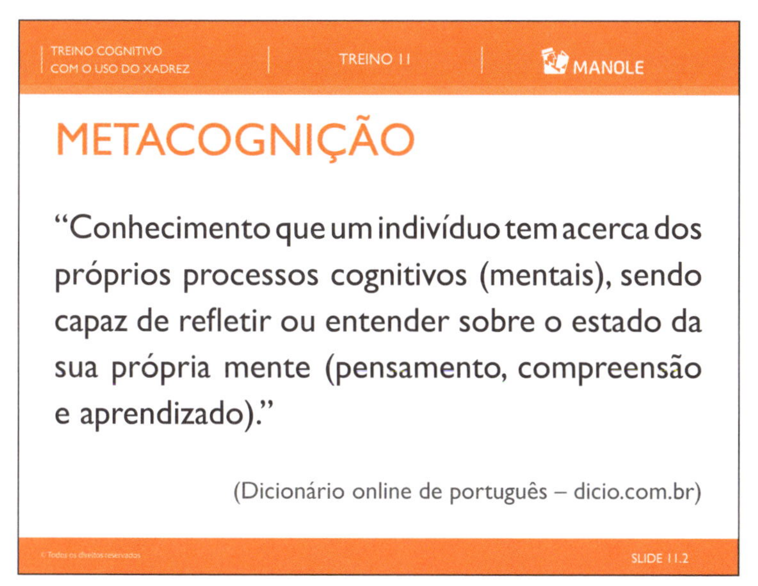

Slide 11.2 "Esta é a definição de metacognição, de acordo com o dicionário. Também é a capacidade de utilizar habilidades aprendidas em outras situações."

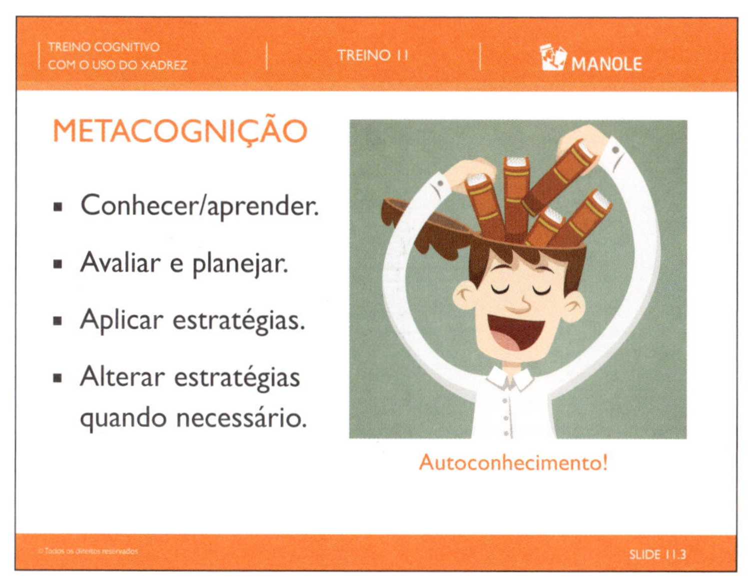

Slide 11.3 "A metacognição refere-se ao autoconhecimento e à capacidade de usar estratégias prévias em outras situações."

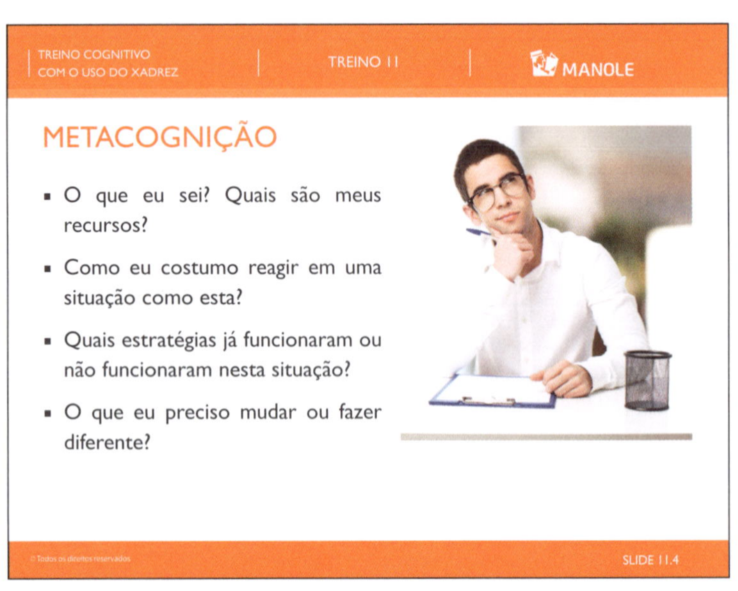

Slide 11.4 "Pense um pouco sobre as respostas destas perguntas em seu dia a dia e também desde que você iniciou o treino com o jogo de xadrez."

Slide 11.5 "No jogo de xadrez, sua experiência e prática aumentaram ao longo dos encontros? Você é capaz de perceber quando está distraído?"

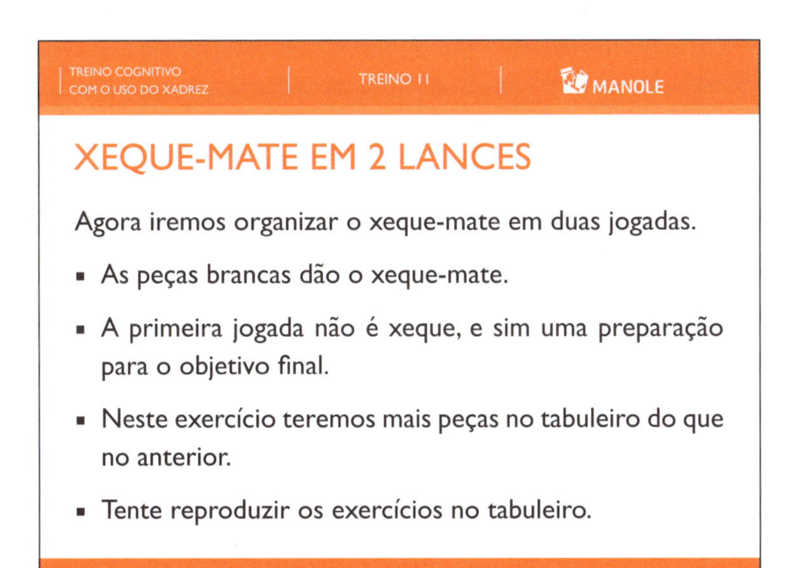

Slide 11.6 "Agora iremos organizar o xeque mate em duas jogadas, com um número maior de peças. As peças brancas farão dois movimentos. É preciso ter atenção quanto ao movimento das peças pretas para que o xeque-mate seja possível."

Slide 11.7 "As peças brancas irão fazer o primeiro movimento. Lembre-se: o primeiro movimento não é um xeque."

Slide 11.8 "Movimentando o cavalo branco. Explore quais são os movimentos possíveis dessa peça. Lembre-se: o cavalo se movimenta em forma de L, duas casas na horizontal e uma na vertical ou duas casas na vertical e uma na horizontal."

Slide 11.9 "Vamos supor que o cavalo se movimente da maneira indicada ao lado."

Slide **11.10** "Agora seria o lance das peças pretas. Quais são os movimentos possíveis?"

Slide **11.11** "Perceba que nas casas com bolas vermelhas o rei preto não pode se movimentar, pois nelas está em xeque."

Slide 11.12 "Assim, o rei só pode se movimentar para... a casa indicada com a seta."

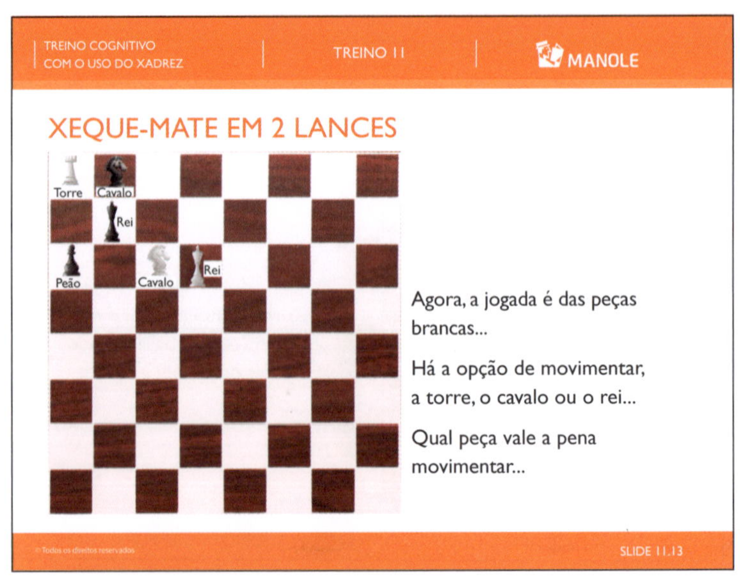

Slide 11.13 "Agora, a jogada é das peças brancas. Há a opção de movimentar a torre, o cavalo ou o rei... Qual peça vale a pena movimentar? Explore os movimentos possíveis."

Slide 11.14 "Ao optar por movimentar a torre, a torre branca captura o cavalo preto."

Slide 11.15 "A torre branca ameaça o rei preto. Há alguma possibilidade para sair do xeque? Explore os movimentos."

Slide 11.16 "Nestas três casas (bolas vermelhas), não é possível o movimento, pois o rei está ameaçado pela torre."

Slide 11.17 "Nas casas ao lado, em uma o rei é ameaçado pelo cavalo, e na outra não é possível, pela proximidade do rei adversário. Sendo assim, xeque-mate."

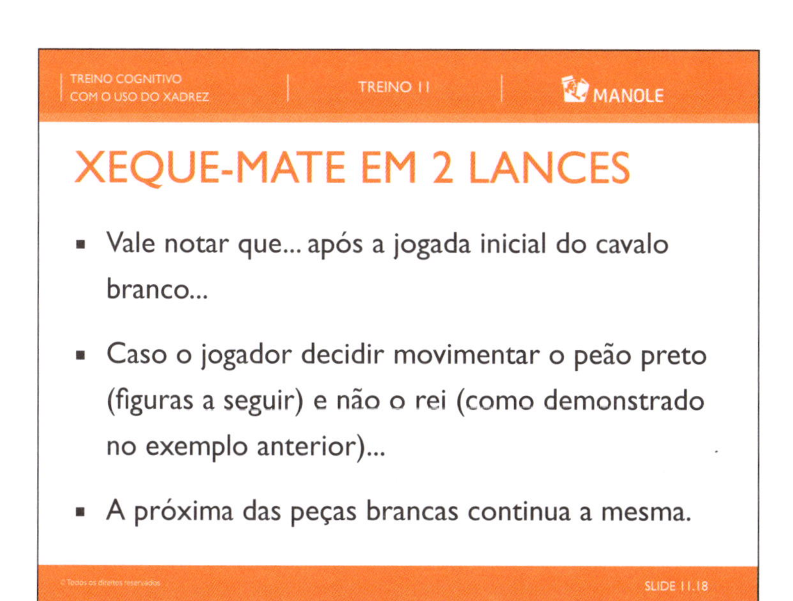

Slide 11.18 "Vamos explorar outro cenário. Caso o jogador das peças pretas opte por movimentar o peão preto (após o movimento do cavalo branco) e não o rei, como foi exibido no exemplo anterior."

Slide 11.19 "Veja que o peão preto avança uma casa."

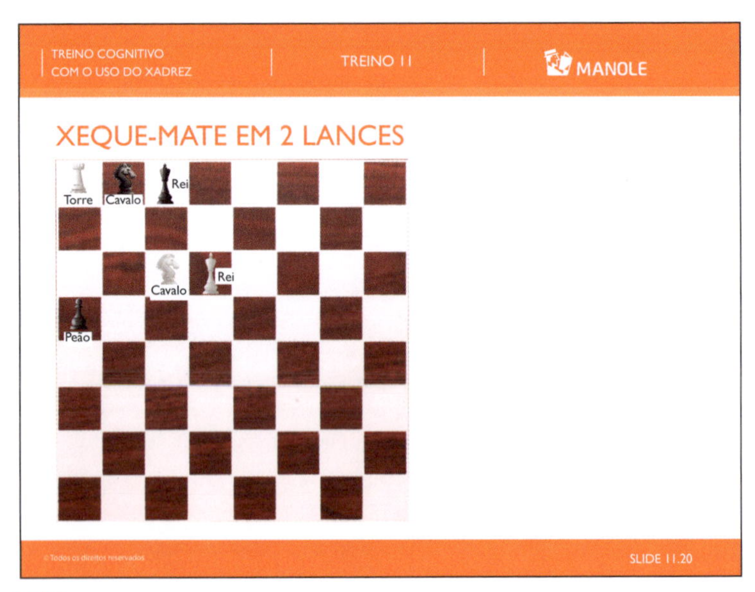

Slide 11.20

Slide 11.21 "Movimentando a torre...A torre branca captura o cavalo preto."

Slide 11.22 "O rei preto não pode capturar a torre, pois se coloca em xeque. Movimentar para a casa lateral não é possível, pois também se coloca em xeque pelo movimento do cavalo."

Slide 11.23 "As casas com a bola vermelha não são movimentos possíveis, por estar muito próximo do rei adversário."

Slide 11.24 "Esta última bola vermelha inserida não é um movimento possível, por estar ameaçado pela torre. Assim, xeque-mate."

Slide 12.1 "Hoje é nossa última sessão. Vamos fazer uma retrospectiva do caminho que vocês percorreram até aqui."

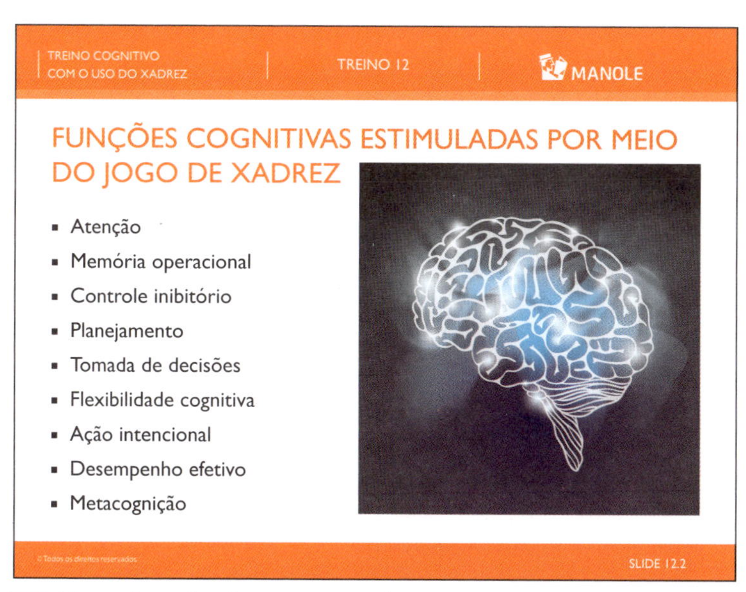

Slide 12.2 "Estas são as funções cognitivas sobre as quais conversamos e que procuramos estimular durante o jogo de xadrez. Vocês se lembram delas? Quais delas vocês acreditam que mais utilizaram durante a prática do jogo?"

Slide 12.3 "O objetivo deste treino foi que o cérebro treinasse habilidades como: prestar atenção, planejar, inibir comportamentos desvantajosos, fazer escolhas vantajosas, etc."

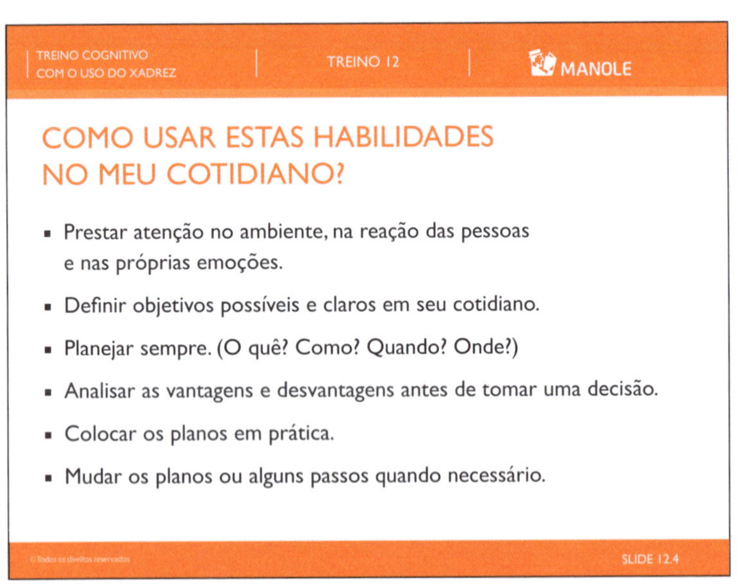

Slide 12.4 "Aqui estão algumas das habilidades que procuramos treinar durante as 12 sessões e que podem agora fazer parte de sua vida cotidiana."

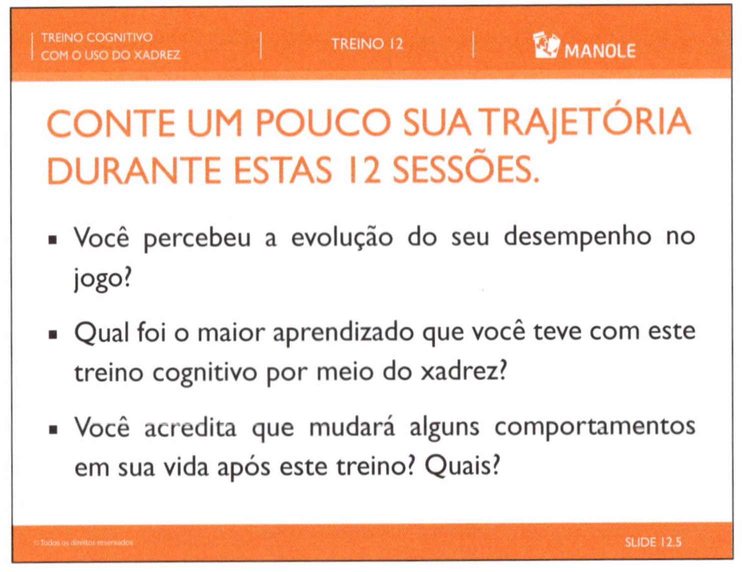

Slide 12.5 "Agora contem um pouco sobre a sua experiência durante este treino de 12 semanas!"